U0570893

环境与安全文化建设

《"四特"教育系列丛书》编委会　编著

吉林出版集团股份有限公司
全国百佳图书出版单位

图书在版编目 (CIP) 数据

环境与安全文化建设／《"四特"教育系列丛书》编委会编著 . —长春：吉林出版集团股份有限公司，2012.4
（"四特"教育系列丛书／庄文中等主编 . 学校文化建设与文娱活动策划组织）
ISBN 978-7-5463-8599-0

I . ①环… Ⅱ . ①四… Ⅲ . ①环境教育－青年读物②环境教育－少年读物③安全教育－青年读物④安全教育－少年读物 Ⅳ . ① X-4 ② X925-49

中国版本图书馆 CIP 数据核字（2012）第 042071 号

环境与安全文化建设

HUANJING YU ANQUAN WENHUA JIANSHE

出 版 人	吴 强	
责任编辑	朱子玉　杨　帆	
开　　本	690mm×960mm　1/16	
字　　数	250 千字	
印　　张	13	
版　　次	2012 年 4 月第 1 版	
印　　次	2023 年 2 月第 3 次印刷	

出　　版	吉林出版集团股份有限公司
发　　行	吉林音像出版社有限责任公司
地　　址	长春市南关区福祉大路 5788 号
电　　话	0431-81629667
印　　刷	三河市燕春印务有限公司

ISBN 978-7-5463-8599-0　　　　定价：39.80 元

版权所有　侵权必究

前　言

　　学校教育是个人一生中所受教育最重要组成部分之一，个人在学校里接受计划性的指导，系统地学习文化知识、社会规范、道德准则和价值观念。学校教育从某种意义上讲，决定着个人社会化的水平和性质，是个体社会化的重要基地。知识经济时代要求社会尊师重教，学校教育越来越受重视，在社会中起到举足轻重的作用。

　　"四特"教育系列丛书以"特定对象、特别对待、特殊方法、特例分析"为宗旨，立足学校教育与管理，理论结合实践，集多位教育界专家、学者及一线校长、老师的教育成果与经验于一体，围绕困扰学校、领导、教师、学生的教育难题，集思广益，多方借鉴，力求全面彻底解决。

　　本辑为"四特"教育系列丛书之《学校文化建设与文娱活动策划组织》。

　　校园文化是学校本身形成和发展的物质文化和精神文化的总和。由于学校是教育人、培养人的社区，因而校园文化一般取其精神文化之含义，即学校共同成员在学校发展过程中，逐步形成的包括学校最高目标、价值观、校风、传统习惯、行为规范和规章制度在内的精神总和。

　　良好的校园文化环境是学生积极参与和悉心建设的结晶，也是实现素质教育、造就优秀人才的一个不可或缺的重要条件。因此，加强学校文化阵地的建设与组织活动策划是一项非常系统性的工程。学校文化阵地建设是学校文化的重要窗口，学校文化组织的策划则是学校实施素质教育和精神文明建设的重要组成部分，这两样都是学生成长成才的内在需要，更是推进学校教育工作的重要载体。

　　文化娱乐活动是文化体育娱乐活动的简称，其娱乐性、趣味性、知识性和多元化结合的特点是广大读者学习之外追求的一种健康生活情趣。

　　学校的文化娱乐活动项目包括音乐、美术、舞蹈、文学、语言、曲艺、戏剧、表演、游艺等多方面内容，广大青少年学生在课余时间通过参加多种形式的文化娱乐活动，能够达到开阔视野、陶冶情操、增长才智、提高能力、沟通人际、适应社会以及改善知识结构，掌握实用技能等效果。在这些文化娱乐活动中，他们通过接受不同形式、不同内容的有益教育，能够受到潜移默化的影响，从而提高思想、文化和身体的综合素质，这对造就和培养有理想、有道德、有纪律、有文化、适应时代腾飞的新一代人才有着十分重要的作用。

　　为了适应青少年发展的需要，营造良好的校园文化环境，为校园文化娱乐活动的组织策划提供良好的指导，我们特地编辑了这套书从学校的实际情况出发，以育人为根本目标，坚持先进文化的方向，从音乐、绘画、表演、游艺等方面重点对学生的基础知识和操作能力进行训练，努力使他们在娱乐中学到知识，在欢笑中陶冶情趣，并进行系统的训练和比赛，使他们的智力得到开发、知识结构得到改善，最终达到新课标要求的培养高素质的合格人才的目标。

　　本辑共20分册，具体内容如下：

　　1.《学校文化建设与管理创新》

　　校园文化重在建设，它包括物质文化建设、精神文化建设和制度文化建设，这三个方面建设的全面、协调发展，将为学校树立起完整的文化形象。加强学校文化阵地的建设与组织活动策划是一项非常系统性的工程。本书对学校文化建设的组织管理与创新策划进行了系统而深入的阐述，体例科学，内容全面，具有很强的系统性、实用性、实践性和指导性。

2.《把图书馆打造成传播知识的圣地》

加强学校图书馆建设，对激发学生学习的积极性及提高学生的整体素质有着重要的作用与意义。本书对学校图书馆的建设与管理进行了系统而深入的阐述，体例科学，内容全面，具有很强的系统性、实用性、实践性和指导性。

3.《环境与安全文化建设》

校园安全文化是校园文化的重要组成部分，学校安全文化建设水平已成为学校核心竞争力的基本内容之一。所谓校园安全文化，是指将学校安全理念和安全价值观表现在决策和管理者的态度及行为中，落实在学校的管理制度中，将安全管理融入学校整个管理的实践中，将安全法规、制度落实在决策者、管理者和师生的行为方式中，将安全标准落实在教育教学过程中，由此构成一个良好的安全建设氛围，通过安全文化建设，影响学校各级管理人员和师生的安全自觉性，以文化的力量保障学校财产安全和师生人身安全。学校安全文化有四个层次，即安全观念文化、安全行为文化、安全制度文化和安全物质文化。它们相互作用，相互促进。

4.《把学校建设成传播文化的阵地》

作为中国特色社会主义文化阵地重要组成部分的学校，在中华文化面临挑战和发展的机遇之际，应该承担时代赋予的使命，通过教育创新，传承文明，创造先进文化，培养和谐发展的高素质创新人才来促进社会的发展，实现中华民族的伟大复兴。本书对学校文化阵地的建设与管理进行了系统而深入的阐述，体例科学，内容全面，具有很强的系统性、实用性、实践性和指导性。

5.《知识类活动组织策划》

文化知识类活动课是一门全新的课程，就其根本意义来说是为了提高学生的素质，而要做到这一点，必须对文化知识类活动课加强有效的科学管理。尽管各科活动课教学目标是有弹性、较为宽泛的，但总的教育目标应十分明确，那就是有利于学生主体精神的体现；有利于对学生的分析问题和解决问题的能力培养；有利于提高学生的自我认识；有利于学生个性的发展，管理工作不能偏离这一目标。本书对学校知识类活动的组织策划进行了系统而深入的阐述，体例科学，内容全面，具有很强的系统性、实用性、实践性和指导性。

6.《科普活动组织策划》

科技教育是拓宽学生知识面的重要平台，是培养学生自主创新的首要手段，在学生成长过程中已显现出越来越大的不可替代的作用，而学校重视科技教育，则可以让教师和学生在校园里都能有自己的发展空间。如果能够切实的从以上各个环节落实科学实践活动的开展，就可以在全校掀起一股学科学、做科学、用科学的热潮，使学生科学素养得到普遍提高，在落实普及科学目标的同时也提升了学校科学教育的质量。本书对学校科普活动的组织策划进行了系统而深入的阐述，体例科学，内容全面，具有很强的系统性、实用性、实践性和指导性。

7.《收藏活动组织策划》

中国文化艺术几千年源远流长的历史，也凝聚着文艺收藏的风云沧桑。社会文明的整体进步,在促进文艺创作繁荣的同时,也推动文艺收藏的蓬勃发展。收藏可以陶冶情操、修身养性,它要求收藏者具备理性的经济头脑的同时,还要有很好的艺术修养。收藏者在收藏的过程中,潜移默化地将自己培养成理性和感性结合得相当和谐的现代人。本书对学校收藏活动的组织策划进行了系统而深入的阐述,体例科学,内容全面,具有很强的系统性、实用性、实践性和指导性。

8.《联欢庆祝活动组织策划》

联欢活动是指单位内部或单位之间组织的联谊性质的文娱活动。通常是为了共同庆贺某一重大事件,或者在某一节日、某一重大活动完毕之后举行。联欢活动一般以聚会的形式进行,所以又称联欢晚会。本书对学校联欢活动的组织策划进行了系统而深入的阐述,体例科学,内容全面,具有很强的系统性、实用性、实践性和指导性。

9.《行为文化活动组织策划》

行为文化是指人们在生活、工作之中所贡献的、有价值的、促进文明、文化及人类社会发展的经验及创造性活动。本书对学校行为文化活动的组织策划进行了系统而深入的阐述,体例科学,内容全面,具有很强的系统性、实用性、实践性和指导性。

10.《文娱演出活动组织策划》

演出是指演出单位或个人在特定的时间、特定的环境下所举办的文艺表演活动。由于演出经过长期的发展与各地的差异,目前主要包括电影展演、音乐剧、实景演出、演唱会、音乐会、话剧、歌舞剧、戏曲、综艺、魔术、马戏、舞蹈、民间戏剧、民俗文化等种类。本书对学校娱乐体育活动的组织策划进行了系统而深入的阐述,体例科学,内容全面,具有很强的系统性、实用性、实践性和指导性。

11.《音乐项目活动组织策划》

音乐是一种抒发感情、寄托感情的艺术,它以生动活泼的感性形式,表现高尚的审美理想、审美观念和审美情趣。音乐在给人以美的享受的同时,能提高人的审美能力,净化人的灵魂,陶冶情操,提高审美情趣,树立崇高的理想。本书对学校音乐项目活动的组织策划进行了系统而深入的阐述,体例科学,内容全面,具有很强的系统性、实用性、实践性和指导性。

12.《美术项目活动组织策划》

美术作为美育的主要手段,它的主要任务不仅仅是传授美术知识,也不仅仅是美术技能的训练,而是通过学生内心达到审美状态,良好心理得到培养和发展,不良心理受到疗治和矫正,使各种心理功能趋于和谐,各种潜能协调发展,最后达到提高人的生存价值、体验与实现美好人生的目的。本书对学校美术项目活动的组织策划进行了系统而深入的阐述,体例科学,内容全面,具有很强的系统性、实用性、实践性和指导性。

13.《舞蹈项目活动组织策划》

舞蹈能够促进少年儿童的生长发育,改善少年儿童的形体,带来艺术气质和形体美,有利于提高少年儿童的生理机能,提高少年儿童的身体素质,促进少年儿童的心理健康发展,还能够培养少年儿童的人格魅力。本书对学校舞蹈项目活动的组织策划进行了系统而深入的阐述,体例科学,内容全面,具有很强的系统性、实用性、实践性和指导性。

14.《器乐项目活动组织策划》

贝多芬曾说:"音乐能使人类的精神爆发出火花。音乐比一切智慧、哲学有更高的启示。"作为素质教育的民乐教学,更突出将学生的全面发展放在首要的地位,使之形成具有显著办校特色的办学指导思想,为学校的全面发展做出了贡献,取得了满意的效果。

本书对学校器乐项目活动的组织策划进行了系统而深入的阐述，体例科学，内容全面，具有很强的系统性、实用性、实践性和指导性。

15.《语言项目活动组织策划》

加强学校文化阵地的建设与组织活动策划是一项非常系统性的工程。学校文化阵地建设是学校文化的重要窗口，学校文化组织的策划则是学校实施素质教育和精神文明建设的重要组成部分。本书对学校语言项目活动的组织策划进行了系统而深入的阐述，体例科学，内容全面，具有很强的系统性、实用性、实践性和指导性。

16.《曲艺项目活动组织策划》

曲艺是中华民族各种"说唱艺术"的统称，它是由民间口头文学和歌唱艺术经过长期发展演变形成的一种独特的艺术形式。曲艺演员必须具备坚实的说功、唱功、做功和高超的摹仿力，演员只有具备了这些技巧，才能将人物形象刻画得维妙维肖，使事件的叙述引人入胜，从而博得听众的赞赏。本书对学校曲艺项目活动的组织策划进行了系统而深入的阐述，体例科学，内容全面，具有很强的系统性、实用性、实践性和指导性。

17.《戏剧项目活动组织策划》

戏剧的表演形式多种多样，常见的包括话剧、歌剧、舞剧、音乐剧、木偶戏等，是由演员扮演角色在舞台上当众表演故事情节的一种综合艺术。戏剧情节、歌唱和舞蹈这三者的复杂结合，使中国戏曲具有独特的风格和一系列艺术上的特点。本书对学校戏剧项目活动的组织策划进行了系统而深入的阐述，体例科学，内容全面，具有很强的系统性、实用性、实践性和指导性。

18.《表演项目活动组织策划》

表演指演奏乐曲、上演剧本、朗诵诗词等直接或者借助技术设备以声音、表情、动作公开再现作品。加强学校文化阵地的建设与组织活动策划是一项非常系统性的工程。本书对学校表演项目活动的组织策划进行了系统而深入的阐述，体例科学，内容全面，具有很强的系统性、实用性、实践性和指导性。

19.《棋牌项目活动组织策划》

棋牌是对棋类和牌类娱乐项目的总称，包括中国象棋、围棋、国际象棋、蒙古象棋、五子棋、跳棋、国际跳棋（已列入首届世界智力运动会项目）、军棋、桥牌、扑克、麻将等诸多传统或新兴娱乐项目。棋牌是十分有趣味的娱乐活动，但不可过度沉迷于其中。本书对学校棋牌项目活动的组织策划进行了系统而深入的阐述，体例科学，内容全面，具有很强的系统性、实用性、实践性和指导性。

20.《游艺项目活动组织策划》

游艺是一种闲暇适意的生活调剂。其中，既有节令性游乐活动，也有充满竞技色彩的对抗性活动，更多的则是不受时间、地点、条件制约的随意方便的自娱自乐活动。其中，有的继承性极强，规则较严格；有的则是无拘无束的即兴自娱；有的干脆是一种与生产紧密结合的小型采集和捕捉活动。这些丰富多彩的民间游艺活动使得广大劳动人民特别是青少年无论在精神生活、智力开发还是身体素质诸方面得到有益的充实和锻炼，也成为最普及的农村文化活动形式之一。本书对学校游艺项目活动的组织策划进行了系统而深入的阐述，体例科学，内容全面，具有很强的系统性、实用性、实践性和指导性。

由于时间、经验的关系，本书在编写等方面，难免存在疏漏之处，衷心希望各界读者、一线教师及教育界人士批评指正。

编者

目　录

第一章

学校环境文化的建设

1. 学校环境管理的内涵

环境的概念

"环境"一词在《现代汉语词典》中的解释是：①周围的地方。②周围的情况和条件。"校园环境"可以很自然地解释为：整个校园和校园里的一切情况与条件。校园环境包括校园里的房屋建筑、花草树木及其他基础设施，可统称为"校园自然（物质）环境"；又包括学校风气、师生的精神风貌、师生之间的人际关系及校园的文化氛围，可统称为"校园的人文（精神）环境"。整齐、清洁、优美的自然环境，是校园环境建设基础，是开展学校德育工作的物质基础。健康的文化活动、浓郁的文化氛围、师生奋发向上的精神风貌、和谐的人际关系、纯正的校风，是一种强大的感染人的力量，它是校园环境建设的核心内容，有利于学生良好人格、学校良好风尚的形成。

校园环境具有暗示性、渗透性等特点，它对学生潜移默化的影响是深远而持久的，在一定程度上也是一种教育媒体。无论是校园的自然环境，还是人文环境，对学生都是无声的教育，它们与有声的教育相配合，具有相得益彰的效果，有利于提升学校德育工作的实效。

环境管理是指运用法律、经济、行政、技术和宣传教育等手段，限制人类损害环境质量的行为。通过全面规划和有效监督，使经济发展与环境协调，达到可持续发展的目标。

环境管理的主要内容

环境管理的主要内容可分为以下三个方面：

（1）环境计划的管理：环境计划包括工业交通污染防治、城市污染控制计划、流域污染控制计划、自然环境保护计划，以及环境科学技术发展计划、宣传教育计划等，还包括调查、评价特定区域的环境状况的基础区域环境规划。

（2）环境质量的管理：主要有组织制定各种质量标准、各类污染物排放标准和监督检查工作，组织调查、监测和评价环境质量状况及预测环境质量变化趋势。

（3）环境技术的管理：主要包括确定环境污染和破坏的防治技术路线和技术政策；确定环境科学技术发展方向；组织环境保护的技术咨询和情报服务；组织国内和国际的环境科学技术合作交流，等等。

所谓"学校环境管理"，是指在校园内的环境计划、环境质量和环境技术的管理。

2．校园环境管理的意义

广义上说，环境是指围绕着人群的空间及其中可以影响人类生产、生活和发展的各种自然因素、社会因素的总和。通常，可以按照环境的主题、范围、对象等进行分类。

按照环境主题来分，环境就是人类赖以生存的空间，把其他生命体和非生命体看作环境的对象。

按照环境的范围来分,则可分为空间环境、车间环境、生活区环境、城市环境、乡村环境、区域环境、全球环境和宇宙环境等。

按照环境对象来分,可把环境分为自然环境和社会环境两类。自然环境又分大气环境、水环境、土壤环境、生物环境、地质环境等;社会环境是人类社会在长期发展过程中,为了不断提高人类物质文化生活而创造出来的环境。

在环境法规中,往往把应当保护的环境要素或对象称为"环境"。《中华人民共和国环境保护法》明确指出:"本法所称环境,是指影响人类生存和发展的各种天然的和经过人工改造的自然因素的总体,包括大气、水、海洋、土地、矿藏、森林、草原、湿地野生生物、自然遗迹、人文遗迹、自然保护区、风景名胜区、城市和乡村等。"所谓"环境管理",就是采取行政、法律、经济、科学技术等多方面的措施,合理利用资源,防止环境污染,保持生态平衡,保障人类社会健康地发展,使环境更好地适应人类的劳动和生活,以及自然界生物的生存。环境保护和经济发展的协调统一,是实现可持续发展的重要任务。

3. 校园环境管理手段

校园环境的管理手段包括行政手段、法律手段、经济手段、技术手段和宣传教育手段五种。

行政手段

行政手段主要指国家和地方各级行政管理机关,根据国家行政法规所赋予的组织和指挥权力,制定方针、政策,建立法规、颁布标准,进行监督协调,对环境资源保护工作实施行政决策和管理。主要包括环境管理部门定期或不定期地向同级政府机关报告本地区的环境保护工作情况,对贯彻国家有关环境保护方针、政策提出具体意见和建议;组织制定国家和地方的环境保护政策、工作计划和环境规划,并把这些计划和规划报请政府审批,使之具有行政法规效力;运用行政权力对某些区域采取特定措施,如划分自然保护区、重点污染防治区、环境保护特区等;对一些污染严重的工业、交通、企业要求限期治理,甚至勒令其关、停、并、转、迁;对易产生污染的工程设施和项目,采取行政制约的方法,如审批开发建设项目的环境影响评价书,审批新建、扩建、改建项目的"三同时"设计方案,发放与环境保护有关的各种许可证,审批有毒有害化学品的生产、进口和使用;管理珍稀动植物物种及其产品的出口、贸易事宜;对重点城市、地区、水域的防治工作给予必要的资金或技术帮助等。

法律手段

法律手段是环境管理的一种强制性手段,依法管理环境是控制并消除污染,保障自然资源合理利用,并维护生态平衡的重要措施。环境管理一方面要靠立法,把国家对环境保护的要求、做法,全部以法律形式固定下来,强制执行;另一方面还要靠执法,环境管理部门要协助和配合司法部门与违反环境保护法律的犯罪行为做斗争,协助仲裁;按照环境法规、环境标准来处理环境污染和环境破坏问题,对严重污染和破坏环境的行为提起公诉,甚至追究法律责任;也可依据环境法规对危害人民健康、财产,污染和破坏环境的个人或单位给予批评、警告、罚款或责令赔偿损失等。我国自20世纪80年代开始,从中央到地方颁布了一系列环境保护法律、法规。目前，已初步形成由国家宪法、环境保护基本法、环境保护单行法规和其他部门法中关于环境保护的法律规范等所组成的环境保护法体系。

经济手段

经济手段是指利用价值规律，运用价格、税收、信贷等经济杠杆，控制生产者在资源开发中的行为，以便清除损害环境的社会经济活动，奖励积极治理污染的单位，促进节约和合理利用资源，充分发挥价值规律在环境管理中的杠杆作用。该方法主要包括各级环境管理部门对积极防治环境污染而在经济上有困难的企业、事业单位发放环境保护补助资金；对排放污染物超过国家规定标准的单位，按照污染物的种类、数量和浓度征收排污费；对违反规定造成严重污染的单位和个人处以罚款；对排放污染物损害人群健康或造成财产损失的排污单位，责令对受害者赔偿损失；对积极开展"三废"综合利用、减少排污量的企业给予减免税和利润留成的奖励；推行开发、利用自然资源的征税制度等。

技术手段

技术手段是指借助那些既能提高生产率，又能把对环境污染和生态破坏控制到最小限度的技术及先进的污染治理技术等来达到保护环境目的的手段。运用技术手段，实现环境管理的科学化，包括制定环境质量标准；通过环境监测、环境统计方法，根据环境监测资料及有关的其他资料对本地区、本部门、本行业污染状况进行调查；编写环境报告书和环境公报；组织开展环境影响评价工作；交流推广无污染、少污染的清洁生产工艺及先进治理技术；组织环境科研成果和环境科技情报的交流等。许多环境政策、法律、法规的制定和实施都涉及许多科学技术问题，所以环境问题的解决情况，在很大程度上取决于科学技术。没有先进的科学技术，就不能及时发现环境问题，即使发现了，也难以控制。例如，兴建大型工程、围湖造田、施用化肥和农药，常常会产生负的环境效应，这说明人类没有掌握足够的知识，没有科学地预见人类活动对环境的反作用。

宣传教育手段

宣传教育是环境管理不可缺少的手段。环境宣传既是普及环境科学知识，又是一种思想动员。报刊、电影、电视、广播、展览、专题讲座、文艺演出等各种文化形式的广泛宣传，使公众了解环境保护的重要意义和内容，提高全民族的环境意识，激发公民保护环境的热情和积极性，把保护环境、热爱大自然、保护大自然变成自觉行动，形成强大的社会舆论，从而制止浪费资源、破坏环境的行为。可以通过专业的环境教育培养各种环境保护的专门人才，提高环境保护人员的业务水平；还可以通过基础的和社会的环境教育增强社会公民的环境意识，来实现科学管理环境及提倡社会监督的环境管理措施。例如，把环境教育纳入国家教育体系，从幼儿园、中小学开始加强基础教育，做好成人教育工作及对各高校非环境专业学生普及环境保护基础知识等。

4. 校园综合环境的建设

加大投入，完善校园基础设施

校园交通、生活及文化设施是开展学校德育工作的基础。学校没有旗台、旗杆，举行每周一次的升旗仪式将无从谈起；自行车放置没有合适、固定的场地，校园的自行车必定如"游兵散勇"；没有足够的垃圾池（桶），要使学生不乱扔果皮、纸屑就不那么容易。作为学校，要做好德育工作，就应该加大资金投入，健全校园的基础设施。

（1）完善生活设施，便于良好习惯的养成。学校要有花坛等绿化设施，修建自行车放置场地，要硬化校园主干道，主干道旁要配有一定数量的垃圾桶，等等；寄宿学校要有标准化的学生宿舍，有足够的水源，有足够大的食堂、洗碗池等。齐备的生活设施，能为学生学习、生活服务，有利于学生良好的学习和生活习惯的养成。

（2）添置文化设施，创设良好的教育氛围。校园要有激发师生奋进的校训、提示学生注意的温馨标语、宣传栏等；班级贴有激发学生勤学奋进、多问多思的条幅，挂有名人画像等。根据学校的条件添置相应的文化设施，可以创设良好的德育氛围。学校应充分发挥这些静物的熏陶作用，同时也应注意利用静物适当提醒，无声教育与有声教育结合就会相得益彰。

坚持不懈，促使良好习惯养成

世界著名的心理学家威廉·詹姆士有段名言：播下一个行动，收获一种习惯；播下一种习惯，收获一种性格；播下一种性格，收获一种命运。"习惯决定命运"越来越为人们所认同。我国著名教育家陶行知说过："教育就是促使学生养成良好的习惯"。初中生心理、生理发育不成熟，各方面可塑性较强，对他们进行养成教育很有必要，也会很有成效。一方面，能使学生个体养成良好的行为习惯；另一方面，根据马卡连柯"平行教育"原则，大多数学生都养成了良好的行为习惯，极少数习惯不好的学生也会自然而然地受到教育。大环境好了，极少数的学生就很容易教育了。德育环境建设，要重引导、重督促、重强化，促使学生养成良好的习惯。

（1）良好习惯的养成靠引导。初一新生刚到校的第一个月，是对他们进行养成教育的最佳时机。学校可以抓住这一时机，充分利用向他们介绍初中生活的有关细节，带他们学习《中学生日常行为规范》，引导他们做到"听钟声""叠好被""要排队""不乱叫""不乱抛""有礼貌""能谦让""防意外"等，使学生逐渐养成良好的行为习惯。

（2）良好习惯的养成要督促。中学生的自制能力较差，不能很好地约束自己的行为，这就需要教师的督促。例如，在学校食堂打饭时，有的学生为了节省时间总想插队。如果不加强监督，不但打饭的秩序得不到保障，而且还会使他们养成做什么事情都不愿等待的坏习惯。为此，教师要不断督促、提醒学生养成良好的用餐习惯。

（3）良好习惯的养成需强化。良好习惯一旦养成使人终身受益，但良好习惯的养成非一朝一夕之功，需要持之以恒的努力和坚持；良好习惯必须通过强化训练才能养成。我们只有认识到了这一点，长期坚持，适时放松，松弛有度，才能使学生养成良好的行为习惯。

拓展渠道，建设校园文化阵地

校园人文环境建设应立足于纯正的校风、和谐的人风、浓郁的学风的形成。而它们的形成不能是"无源之水、无本之木"，必须依赖一定的土壤。为了学校德育环境的优化，学校应积极建设校园文化阵地，形成多渠道、多时空德育体系。

（1）突出"一课""两会""一仪式"的主阵地地位。每周2节的思想品德课、每周1次的班（团）会与升国旗仪式、每天1次的晨（夕）会是学校对学生进行德育教育的主要阵地，我们应突出其主阵地地位，认真组织，做到每次活动都有计划、有准备甚至有创意。我们要在这个主阵地上使学生有兴趣、有收获。

（2）发挥"文化长廊""学习园地"的窗口作用。学校的"文化长廊"、班级的"学习园地"是学校和班级文化的重要组成部分，也是学校对学生进行德育教育的一大渠道。它是学校德育工作的"窗口"。我们要有目的、有计划、有针对性地办好"文化长廊""学习园地"，让学生在"窗口"下，耳濡目染地受到教育。

（3）开辟文学社、广播站等教育渠道。学校应该充分认识文学社、广播站的德育功能，开辟这些教育渠道，调动全体教师与学生的积极性，使他们参与其中。创办文学社、广播站要以正面教育为主，以高尚的精神塑造人，以正确的舆论引导人，以优秀的作品鼓舞人；既要使其成为师生展示才情的平台，又要使其成为德育教育的重要阵地。

积极创新，丰富校园文化活动

内容决定形式，形式又反过来为内容服务。德育内容比较枯燥，会使学生兴味索然，这样的德育定会事倍而功半。因此，必须创新德育形式，以丰富多彩的德育活动为载体。

（1）抓住契机，办好主题教育活动。德育工作要高扬爱国主义、社会主义、集体主义主旋律。为了抓好主旋律教育，学校应通过开展征文比赛、红歌比赛、演讲比赛、报告会等形式对学生进行爱国主义、社会主义、集体主义教育。

（2）注重体验，组织实践教育活动。品德的形成要经过知、情、意、行相统一的过程。"知其言更要观其行"。学校可以组织实践教育活动，教育学生热爱劳动、养成节约粮食与不乱扔果皮纸屑的习惯，让学生亲身体验劳动的意义、粮食的来之不易等。例如：学校可以根据学生的实际情况，组织学生参加打扫学校卫生、清除卫生死角的义务劳动；帮助邻近的孤寡老人等实践活动，使学生在实践活动中，道德情操得到升华。

（3）积极创新，开展文明创建活动。学校应积极创新，开展"希望之星""十佳文明中学生""十佳学校标兵""摘星比赛""文明寝室"等评比创建活动。文明创建活动的开展、广大师生的积极参与，能够使学生的觉悟得到提高、能力得到发展。

德育工作是一项关乎民族素质、民族未来的基础工作。我们必须从根本上营造良好的德育环境，提高德育工作实效。

5. 校园环境文化的建设

人类社会已经进入 21 世纪，这无疑给现代社会文明提出了新的要求，其中环境优美是实现现代文明的重要标志，这正成了人们的一种共识。作为现代社会文明的重要组成部分的学校，其环境的优美程度自然也是现代学校文明的重要标志。在校园环境建设当中，校园环境文化建设至关重要。要想营造良好的学习环境，必须重视对校园环境文化的建设。校园环境文化建设，在学校发展中发挥出越来越重要的作用。

校园环境文化的核心内容和深层结构，是学校的校风、文化生活、人际关系和心理氛围，它以"外显内隐"的行为模式感染着受教育者的思想观念、道德行为，潜移默化地影响着学生对某种价值的追求，影响着学生未来的发展。因此，学校为适应学生的心理需求及未来社会的发展需要，必须加强对校园文化活动的引导和阵地建设，这无疑是学校教育不可忽略的重大问题，加强校园环境文化建设势在必行。

校园环境文化是一个校园生态系统

众所周知，学校是有组织、有计划地进行教育的机构。从生态学的观点来看，校园是一个独立的生态系统，它有着自己的结构和功能。校园生态系统是开放系统，不断地与外界交换着物质、能量和信息，从而使自己保持着一种有序状态，并不断地发挥着自己的作用。校园环境文化，在培养学生综合性能力方面具有重要的作用。这种综合性能力的培养并不是课堂教学所能够完全承担的，它需要多种逻辑的训练。校园是学生学习的重要场所之一，加强校园文化环境建设有其独特的作用。

（1）物质环境的作用。校园环境文化作为校园的生态系统，其物质环境主要是指校园内经过人们组织、改造而形成的校容校貌和校园学习环境，具体指校容、校貌、自然物、建筑物及各种设施等。这种物质环境自然是一种环境文化，它的作用体现出"桃李不言"的特点，即能使学生不知不觉、自然而然地受此熏陶、暗示、感染。所以，学校物质环境文化的设计必须强化环境育人意识，使校园环境充满着文化色彩。作为教育者，如果能利用学校的物质环境体现学校的个性和精神，给学生一种高尚的文化享受和催人奋发向上的感受，那么校园的物质环境就会成为一位沉默而有风范的教师，起着无声胜有声的教育作用。

（2）组织环境的作用。校园环境文化作为校园的生态系统，其组织环境是一种以各种形式的制度为特定载体的生态系统，它是人类文化的凝结，具有鲜明的地域和时代特征。具体来讲，包括行为规范体系、决策条例体系和管理制度体系等。学校的组织环境既是学校文化传统的历史积淀，又是校园文化建设的现实起点，它是校园环境文化由低级向高级跃进的有力保障。所以，这个系统的环境文化程度，直接影响着学校教育的质量和效果，直接影响着学生能力和素质的提高程度。

（3）精神环境的作用。校园环境文化作为学校的一个生态系统，其精神环境从学生个体角度看，又是一种心理环境。它是学校环境文化中最坚韧的物质和内核，体现在师生的精神面貌、校风、学风、集体舆论、校园精神、学校形象等方面。校园精神环境是校园的灵魂，是学校师生认同的价值观和个性的反映，是一种潜在的教育力。良好的心理环境和校园精神环境文化会使人的精神愉快，具有催人奋发向上、积极进取、开拓创新的教育力量。帮助广大师生树立以社会主义理想和道德为核心内容，以科学态度、开拓精神、创造能力和高尚品格为目标的校园精神环境，形成团结、和谐、融洽、民主、友好、合作的人际关系环境和客观、理解的集体舆论环境，是校园精神环境建设的重要任务。

（4）活动环境的作用。

校园环境文化作为学校的一个生态系统，其活动环境是指社团学术活动及满足师生不同需要的文化娱乐活动等。文化活动是校园文化中最具特色的内容，是校园文化的生命力之所在。活动形成的校园文化，既是物质文化的动态表现，又是精神文化的具体体现。作为学生进行活动的主要场所的校园，其活动环境的创设是素质教育必须解决的一个极为重要的问题，是校园环境文化的重要方面，学校必须十分重视活动环境的创造和设计，以便发挥其独有的教育作用。

校园环境文化对学生有影响作用

校园的环境文化通过教师的组织和利用可以对学生产生耳濡目染、潜移默化、养性怡情的积极作用。这种积极的功能需要通过教师的设计而体现。校园环境文化的育人功能仅仅通过耳濡目染、潜移默化是不能充分发挥的，学校的教师，尤其是领导必须有意识地利用校园环境文化，甚至可以改变某些校园环境文化来为学校教育育人服务。校园环境文化对学生的影响主要表现在以下四个方面：

（1）校园环境文化影响学生的心理平衡。学生受教育时间越长，对学校环境文化要求就越高，依赖性也越强。校园已经由传授知识的单一功能体转变为集传授知识、培养能力、娱乐生活等于一身的多功能体。学生来到学校不仅追求知识，而且追求娱乐、追求生活、追求艺术。学校物质环境的艺术化、实用化、舒适化、卫生化、优雅化、整洁化、安静化等，会影响学生的心理发展。如果校园环境条件过于简陋、杂乱，缺乏现代文化气息和艺术雅趣，就会导致学生对学校的期望破灭，产生严重的失望感觉。

（2）校园环境文化影响学生的价值观念和行为习惯。校园环境文化影响着学生对事物的看法，从而使之形成自己的价值观念；同时，又制约着学生的行为，使之养成良好的行为习惯。在一个整洁的校园内，学生是不会随地吐痰的；在一个幽静的校园内，学生是不会高声喊叫的；在一个充满现代文化气息的校园内，学生是可以陶冶情操的。校园环境文化，特别是其中的精神环境文化一经形成，就会对学生的道德观念产生影响，反过来良好的道德观念又会推动校园精神环境的优化，从而形成良好的学习心理和行为。校园环境文化是通过感染、模仿、从众、认同的心理机制，使学校全体成员在不知不觉中接受影响，引起个人心理和行为的变化，以求与校园环境文化趋于一致，达到学校育人的目的。

（3）校园环境变化影响学生的智力发展。校园环境文化是个人化的环境，每一处、每一时都带有学校对学生的目的要求，具有丰富的文化内涵，散发着多元化信息。经过精心设计的文化信息源，能够对学生进行有利、积极的刺激，从而促进他们智力的发展。

（4）校园环境文化影响着学生学习的内容和方式。随着社会的不断进步、物质条件的改善，对学校环境文化的要求也越来越高，它所能负载的教学内容也越来越多，教学方法也越来越多元化。现代信息技术进入学校，更增加了学校教学内容和教学方法的丰富性、多样性，因此校园环境文化建设程度同样影响着学生的学习内容和方法。

重视校园环境文化建设有着深远的现实意义

近些年来，各级各类学校都投入了大量的人力、物力、财力，加强了校园环境的绿化美化和设施建设，校园的环境文化建设有了很大的成效。为适应新的人才培养目标的要求，各类学校都进行了学校内部综合改革，并把更多的精力放在了校园精神文明建设上，特别是对丰富校园文化生活给予了高度重视。这都是因为我们已经认识到了学校校园环境文化的建设对学生的健康成长、对学校的发展有着独特的、潜移默化的、深刻有力的影响作用。

（1）重视校园环境文化建设是学校发展的需要。20 世纪 90 年代以来，校园环境文化建设中出现了令人担忧、必须引起高度重视的严峻问题。其一，校园环境文化逐渐丧失作为独立于大众流行文化的精英文化所独具的鲜明个性和特质，深受社会上商品化、通俗化文化的消极影响。品位高雅的校园环境文化出现了表层性、世俗性倾向。其二，随着群体意识的弱化、个性意识的增强和物质文化的诱惑，出现了理想追求的淡化和价值观念的紊乱。其三，改革开放以来，不少青年师生的思想观念和理论兴趣屡屡发生转移。所有这些现状，都不利于学校的发展及声誉的提高。

（2）营造校园环境文化氛围是学校思想教育的需要。校园环境文化具有特殊而多样化的育人功能。如果说教师和学生是教育教学活动的主角，那么学校校园环境文化就是他们活动的舞台，缺少这个舞台，师生的活动就失去了依托，并将直接影响教育教学活动的进程和效果。概括起来说，校园环境文化在学校思想教育中表现出以下几种功能。一是凝聚功能。学校环境文化建设的核心是树立群体的共同价值观，通过它的影响力在青年学生中形成一种无形的向心力和凝聚力，把青年学生行为系于一个共同的理想信念和价值追求之上，从而在高雅的精神生活中，陶冶健康向上的审美情趣和文化品格。二是激励功能。不同的校园环境文化会将教育教学活动导向不同的境界和水平，产生不同的育人效果。良好的校园环境文化，必然会出现"勤奋好学、积极向上"的校风，深刻地影响着师生的内心节操，激发着师生的工作和学习热情，比起千遍万遍的说教方法，教育效果自然事半功倍。三是熏陶功能。学校按照审美的要求去加强校园环境文化建设，这对学生的审美理想、审美趣味和审美观念的形成具有无形的熏陶、感染作用。四是益智功能。校园环境文化对学生的智能发展具有促进作用。一般来说，丰富良好的环境文化因素刺激，可以促进智力发展，还能激发学生积极的情感，并以此为中介来促进智能的提高，特别是学习兴趣的提高。

从以上功能的发挥中可以看出，学校校园环境文化是学校积极开展思想教育的良好阵地，必须加强重视和强化建设。

（3）创设校园环境文化是实施素质教育的需要。实施素质教育是一项复杂的社会系统工程，而学校是实施素质教育的主阵地。在这块主阵地中，创设校园环境文化是实施素质教育的舞台。学校要全面贯彻实施素质教育，除各级、各界共同创造一个良好的社会大环境外，也需要营造学校这个小环境。因为，校园环境文化阵地可以培养学生的合作意识、创造性思维和创新精神及艺术才华，可以增强学生的集体主义精神和实践能力，还可以减轻学生过重的学习负担，使其置身于一种自我教育、自我提高的环境，可以使学生在一种愉快教育、情境教育、和谐教育中健康地成长。总之，从整个校园环境文化的创设过程中，离不开学生的参与。因此，学生的想象空间得到了无限的延伸，学生的创造思维得到了极大的发展，学生的综合能力得到了充分的锻炼。这种能让学生才华得到升华、能力得到培养、思维得到发展的校园环境文化创设实践活动，正是实施素质教育的内容，所以学校必须重视对校园环境文化的建设。

综上所述，校园环境文化绝不是单一的文化宣传阵地，它具有内容上的丰富性、范围上的广泛性、形式上的多样性。学校应积极地组织规划好校园环境文化建设，从不同的内容出发，做到各自不同的要求，以便发挥其独立的教育效果，使校园环境文化在学校学风、校风、人际关系、价值取向等方面，体现和反映学校的历史传统、精神风貌、校园特色及目的追求、道德情感、价值观念、行为模式，从而营造良好的学习氛围。只要学校领导重视，面向学生全体不断创新，校园环境文化一定能够发挥出其特有的、不可估量的教育效果和重要作用。

6. 校园人文环境的建设

良好的校园环境对学校实施素质教育有重要意义，是构建和谐校园的重要标志之一。校园环境包含自然环境和人文环境。自然环境指各种教学设施、校园的绿化美化，它是校园环境建设中的基础。自然环境（景观）中如果没有人文精神的体现，没有赋予文化教育内涵，没有达到人与自然的和谐统一，就会失去原有的价值。

充满人文精神的校园是一种示范，是一种无声的教化，是一种远大理想的催化，是一种蓬勃向上的精神激发。充满人文精神的校园，无处不蕴藏着丰厚的文化内涵，它将影响学生的整个人生。

学校应不断加强教育科研，开展学术交流，全面提高教育质量，全力打造具有自身特色的品牌学校，提升校园人文内涵。

文化气氛浓郁的校园环境，学生漫步其中能自觉品味和感受校园的人文气息，激荡感情，内化知识，从而净化心灵，修身养性，树立崇高的信念，确立高远的目标追求和正确的人生观、价值观。真正明白学习的目的、意义，学会做人，懂得宽容，与人为善。自觉地加强文化修养，告别低级趣味，修正自己的言行举止，陶冶性情，形成健全的品格，激励其健康成长。

人文环境是体现学校人文精神、文化生活及氛围的外部条件的总和。只有加强校园人文环境建设，让学生感受到有催人奋进的动力，以及和谐、向上的精神时刻激励自己，才能逐渐形成一个充满活力，充满诚实守信、公平正义，充满安定团结、人与自然和谐统一的校园。

校园人文环境建设存在的问题

每所学校都有严谨的治学方针、深厚的文化积淀和丰富的人文精神,为国家培养优秀人才。然而,近几年随着高校的扩招,学生数量急剧增加,学校在物质建设上投入大量的财力,但人文环境建设却没有得到充分的重视与发展,因此在学生身上反映出很多问题,成为校园中不和谐的音符,也成为校园人文建设不足的一个缩影,给和谐校园的建设带来了阻力。

(1)人生观缺失。在经济全球化和社会信息化的时代,由于各种文化的相互碰撞及西方文化思潮的涌入,部分大学生存在着政治信念迷茫、理想信念模糊、价值取向扭曲的现象,导致思想不求进步,没有进取心、上进心。

(2)公德意识薄弱。不文明行为和举止在校园里时有发生。例如:浪费水、电、粮食等;酗酒打架;在教室、寝室大声喧哗;随地吐痰;乱扔杂物;不爱护树木草坪等现象,没有树立起良好的公德意识。

(3)学习态度不端正。部分学生没有明确的学习目的,对学习失去兴趣,有"及格就行"的思想,为了毕业而不得不学,根本谈不上对知识的巩固和加深理解。

(4)团结协作精神不强。部分学生虽然学习成绩很好,但不关心集体,我行我素,很少参加集体活动。没有共同进步、共同发展、取得最终成功的意识,缺乏相互尊重、相互爱护、相互理解、相互帮助、相互支持、相互勉励的合作互助精神。

加强校园人文环境建设的思路

校园人文环境对于陶冶学生情操、形成健全人格、提高人文素质至关重要,是和谐校园的重要组成部分。校园人文环境虽然是隐性的、精神上的，但它可以通过一些载体而完成对教育者的教育过程。这些载体主要是学生的活动场所、学生的文化生活、学生的行为习惯、学生的管理创新意识、教师员工的教育素质等。加强校园人文环境载体的建设可以营造良好的校园人文环境。

（1）加强校园文化建设。校园文化建设是提升校园文化内涵的重要方面，是提高校园文化品味的重要措施，学校应在净化、绿化、亮化、美化的基础上，加强和注重校园文化建设。

学校应具有前瞻性和创造性地审视、定位学校发展，对校园进行精心设计，配置人文景观、修造文化墙、建文化长廊、装饰地面图案、配栽奇花名木、造假山曲径……使之符合校园实际，摆脱俗气、体现高雅的情趣，具有自身的特色。

让景观、图案与环境遥相呼应、协调统一、表情达意；让每一棵草木蕴含寓意；让每一个景点启智明理；让环境透射人文气息，使校园环境人文化。

（2）加强人文环境建设的宣传教育。学校是人文精神的摇篮，教师是人文思想的传播者。校长是学校发展的引路人，首先应具有全新的育人理念和较强的人文意识，同时应具有加强校园文化建设、增强校园人文性、提升校园内涵的决心并付诸实际行动。

以校长的思想、行动感染全校师生，加强宣传教育，烘托出人文气氛。召开全校师生动员大会，发出弘扬人文、追求卓越的倡议，利用广播、标语、橱窗、黑板报等进行广泛宣传；请专家、教授、民间艺人到校做专题报告、专题演讲，烘托出崇尚科学、弘扬人文的环境气氛。

教师率先垂范在全校掀起轰轰烈烈的弘扬人文精神、营造人文环境的活动，让全体师生都积极主动地参与到人文环境建设中来。

（3）注重学生活动场所的创设。对学生活动场所进行文化创设，可以使学生受到潜移默化的人文环境的熏陶。比如，通过定期举办主题鲜明的宿舍艺术节，将思想性、知识性、文化性的内容引入宿舍文化建设，营造健康向上的宿舍文化。在活动中，学生积极思考、寻找素材、亲自动手布置环境，不仅锻炼、充实了自己，而且陶冶了情操。

学生餐厅不仅要做到实用、洁净、美观，还要融文化教育为一体。有条件的学校应在餐厅安放电视，让学生及时了解到国内外大事；扩展餐厅用途，其他时间可以当作阅览室对学生开放，让学生感受到身边浓郁的文化氛围。

对其他学生活动的场所也应赋予文化内涵，把办学特色和学校人文精神融于时时处处，让墙壁说话、让花草赋诗、让格言警句时时处处显现，启迪学生智慧，美化学生心灵，充分体现活动场所带给学生的教育作用。

（4）提高学生文化活动的档次。学生的各种文化活动应该以陶冶学生的情操为重点，坚持以爱国主义教育为核心并充分体现时代特点，减少单纯娱乐性的内容，避免颓废、消极的内容出现。

除了在重大节庆日举办主题鲜明的校园文化活动，平时也应举办丰富多彩、生动活泼的文体表演及各种竞技比赛、多领域的学术报告，营造学校文化氛围。另外，要加强对学生社团的规范管理和正确引导，提高社团活动质量，提高学生自强、自立和开拓创新的能力。既要促进学生个性发展，又要促进校园文化健康发展，增加社团在学生中的影响力。

此外，应该加大学生文化活动的覆盖面，学生的文化活动必须贴近生活、贴近实际、贴近学生，给每名学生提供施展才华的空间，组织学生积极参加各类活动，并把这作为第二课堂系列活动之一，提高学生文化素质和创新能力。

（5）加强学生良好行为习惯的养成。大学生正处于成长发育的关键时期，无论思想还是行为都不成熟，良好的行为习惯不仅对世界观、人生观和价值观的形成起到推动作用，而且良好的行为习惯贯穿学生的言行，会影响带动其他学生提高品德修养，促进优良校风、班风、学风的形成。

良好的行为习惯不是一朝一夕就可以养成的，它是一个长期的系统工程。可以通过加大宣传教育力度、定期组织学习、量化行为准则、亲自参与管理、进行检查评比等方式，使学生能够养成自觉遵规守纪、自主学习、自我管理的习惯和良好的劳动、卫生和文明习惯，帮助形成良好的个性品德，促进人与人、人与校园的和谐相处，使校园文明有序、充满活力。

（6）提高学生的管理创新意识和能力，提高学生的自我教育、自我管理、自我约束、自我服务、自我创新意识和能力，可使学生增加对学校人文精神的认同、理解和支持，使人文精神按照学生需要的方向发展，消除学生的抵触情绪，使学生和学校和谐统一，形成良好的校园人文环境。

通过建立并充分发挥"大学生自我教育管理委员会"（以下简称"自管会"）的作用，可以使学生对不文明行为进行督导，对思想有问题的学生进行开导，对学习成绩落后的学生进行帮助，对生活有困难的学生进行帮扶。"自管会"是学生自己的组织，生活学习在学生当中，可以及时发现身边出现的任何状况，为良好人文环境的建设打好基础。

（7）提高教师团队的教育素质。教师的言行能够对学生产生潜移默化的影响，如果教师自身的形象和学校人文精神、教学理念不协调，就不能营造良好的育人环境。应提高教师、辅导员及教辅队伍的师德修养，树立全方位育人观念，培养教师的良好品格。使教师的职业意识、角色认同、教学理念、教学风格、价值取向与学校的主体文化协调一致，给学生做示范、做模范，完成教书、管理、育人工作。做到对学生尊重、关心、热爱，对学术严谨、认真，对同事和睦相处，互相支持理解，为良好人文环境的建设提供保障。

加强人文环境建设需要注意的问题

（1）必须树立"以人为本"的教育观。在校园人文环境建设中，我们必须始终坚持"以人为本"的理念，在教育过程中注重因材施教并注重人性化的教育和管理，做到以诚待人、以情感人、以理服人，将"以人为本"的思想落实到学校工作的各个方面、各个环节，使每一名学生时时刻刻感受到人文关怀和人情温暖，促进学生全面发展和学生与学生之间、学生和学校之间融洽和谐关系的形成。

（2）必须坚持开展思想政治教育工作。校园人文环境建设必须和思想政治教育工作相结合，坚持认真、扎实开展思想政治教育工作，在各项工作中必须坚持以理想信念教育为核心，以爱国主义教育为重点，以基本道德规范为基础，以大学生全面发展为目标的原则，构建以开放式教育为特色的大学生思想政治教育体系。

形式多样、深入持久的思想政治教育工作可以使学生树立正确的世界观、人生观和价值观，弘扬和培育民族精神，提高道德素质，为校园人文环境的建设铺平道路。

（3）必须有制度保障机制。校园人文环境建设必须有科学完善的制度相配合，要有和学校人文精神内涵相一致的规章制度、岗位职责、行为规范及与之相应的管理行为。规范教学的各个环节和各种办学行为，促进教师业务能力提高，塑造高尚师德，严肃纪律，约束和规范大学生行为。

杜绝制度与行为之间相互脱节，把制度作为学校人文环境建设的纽带和桥梁，贯穿学校人文环境建设。要把体现学校办学理念、学校精神的制度变成师生共同的价值追求，化为全校师生共同的行为，早日建成和谐校园。

校园人文环境建设是一项系统化、长期性的工作，只有经过管理者、教师、学生的不懈努力和长时间的沉积才能形成深厚的校园文化底蕴，任何急功近利式的"说教"都是无效的。也只有通过最有力量的文化，感染和熏陶教师和学生，才能凝聚其精神，达到人与校园的和谐统一。

因此，必须对校园环境条件加以认真的研究分析、科学规划，对每一处建设都要精雕细琢，切不可随心所欲、粗制滥造，生搬硬套某种模式，刻意追求某种人为的效果。否则，不仅不能达到预想的人文效果，反而会破坏其原有的自然性，从而有损原有的人文色彩。

7. 高职院校人文环境的建设

在社会对专业人才与综合性人才需求随时代变化而不断调整的

背景下，高职学生的人文素养教育成为人才培养的重要组成部分，而高职院校的人文环境建设也成为社会的关注点之一。

环境是与某项中心事物或活动对应而存在的，是所有外部相关因素和条件的总和，是变化发展的。高职院校人文环境就是在高职院校这个特定的范围内，对应人文认知这一中心任务的一切发展变化的外部条件的总和。

人文环境建设的依据

当代高职学生作为新世纪的主力军的重要成员，不仅需要掌握本领域的专业基础知识与基本技能，而且需要具有良好的人文素养和人文精神。

高等职业教育作为高等教育的一个类型，肩负着培养面向生产、建设、服务和管理第一线需要的高技能人才的使命，在我国加快推进社会主义现代化建设进程中具有不可替代的作用。

人文知识缺失的主客体因素

在我国古代教育史上，社会偏重人文教育，倡导培养"通才"。孔子很早就提出了"君子不器"，即"允文允武"这样的人才培养目标。然而，在现代社会竞争日益激烈的条件下，社会对专业人才的需求呈上升趋势，短时高效的专才教育成为一种热门。

高职院校也在加速发展，为社会输送了一大批具有较高的知识层次、较强的操作能力的高级应用型人才，受到了社会和企业的关注。但是，在突出技术性、专业性、针对性，强调技术教育的过程中，部分高职院校却忽视了对学生进行人文知识教育，忽视了人文精神的培养，人文环境建设更是遭到了冷遇。

部分高职学生人文素养偏低，是有其特定的背景。一是社会对高职学生成才目标定位上的偏向与学校的应急心态。虽然国家要求高职学生成长为德才兼备的人才，社会对此的看法却并不一样。民营企业是高职学生就业的主渠道，然而大多数企业主要看重的是高职学生的专业知识，而对人文素质重视不够。因而，部分高职院校为了提高学生就业率，一味重视职业技能的培养，忽略了人文教育，认为人文环境建设可有可无。二是学生自身认识存在一定问题。部分高职学生人文学科知识基础较差，人文教学面临着诸多困难。

个体与整体的持续互动

高职院校人文环境的优化与开发必须以马克思主义为指导，与构建社会主义和谐社会相协调，与贯彻科学发展观相一致，坚持整体性、自主性和持续性原则。

（1）整体性原则。高职院校人文环境是一个多种要素构成的实体。这些要素包括学校教职员工集体与个人风貌、系别风尚、班级风气、寝室文化、各种社团组织活动、校园硬件设施、校园传媒等内容。这些要素不仅密切联系，而且处在不断变化和扩展之中。因此，必须用整体性的眼光实现诸要素之间的最佳组合，以提高人文教育的效果。

学校的主要工作，诸如专业基础课、实践技能课程、思想政治教育课、人文学科课程教学，以及相关的消费文化、体育文化等，也会对高职院校的人文环境建设产生影响，需要从总体上把握。尤其是以思想政治教育为核心的人文学科，既是人文环境建设的支点，也是其动力之一。

（2）自主性原则。在高职院校人文化环境建设中，必须增强学校、学生、教职员工对环境建设的自主意识。在把握院校人文环境建设主题之下，学生自主地选择相关的人文信息，自主取舍其内容。同时，学生也可以自主地选择自己感兴趣的人文课程，组织恰当的人文主题的班团和社团活动，创建独特的寝室风格，形成各自的系别人文特色等。

教师则可以在分析学生学习基础、年龄特征、兴趣爱好的基础上自主地设置相关课程，确立主题，与学生探讨教学内容，评述学校人文环境现状，提出改进策略。学校领导应在确立别具一格的人文环境主题的基础上作总体规划，避免完全模仿名校的趋向。行政人员则可以在自己的工作中展示出各自的人文风格。

（3）持续性原则。一所大学的文化不是一朝一夕形成的，要建成文化底蕴丰厚的高职院校更需要几代人甚至几十代人的共同努力。这既是学校个体文化传承的需要，也是实现高职院校科学发展的必然要求。

在深入贯彻科学发展观的今天，高职院校的文化建设更应该坚持可持续性原则，实施中长期战略规划，尽可能减少对校园生态环境的破坏，提高校园硬件设施的可利用率，降低环境建设成本，保持相关制度的稳定性，维护文化的连续性，建设健康的人文环境。

人文环境的创建与优化

人文环境的创建可以从硬件建设、制度开发与人文精神培育几个方面进行。

（1）夯实物质基础，优化传媒载体学校教学楼、实训中心、图书馆、办公楼、宿舍、食堂、医务室、活动中心、道路、树木花草等硬件设施布局与建设，既要体现院校办学宗旨、办学理念和办学特色，也要充分展现人文气息，让学生随时随地感受到人文知识的熏陶。

学校要充分利用校园网络、电视台、广播、校办刊物等传媒载体，在形式上统一规划，体现院校的人文特色，在内容上可定期出一些人文内容的主题与专栏。例如，进行传统道德教育的教育实践活动，在学校挂有宣传条幅，学校内网有传统道德知识介绍，课堂上有问卷调查，广播里有学习楷模报道，刊物上有相关专栏，在此期间全校师生掀起一股利用业余时间学习研究传统道德知识，在生活中践行传统优良道德的高潮。

（2）形成制度基础，组建教育组织。高职院校要针对自身存在的问题，制定相关的人文环境建设规章制度和实施细则，使学校在整体规划上有章可循，考核有标准可依。人文教育要渗透管理、考评等制度中，要与教育制度相结合，与领导干部的政绩考核制度相结合。在对校内的行政事务、教学事务、学生事务的管理工作中要充分展现出人文气息，尊重被管理者的意见，满足他们的合理需要，使被管理者感受到关爱和呵护，为人文教育提供一个可靠的组织环境和管理体制。

在公寓后勤服务工作中，与学生的生活息息相关的清洁卫生、水电、维修须及时、快速，通过对学生生活的关心来营造人文生活环境。在管理中坚持"以人为本"，发掘人的潜力，建立规范性、约束性、渗透性和民主性的人性化管理机制。特别是学生管理部门，在制定各项制度时，一定要充分考虑学生的立场，实行人性化管理，而不能靠强迫和压制推动规章制度的执行。

在组织建设方面，要加强校园文化队伍、理论教师队伍、思想政治教育队伍、后勤服务队伍、学生自治组织队伍建设。在学生自治组织队伍中要培育学校团委、学生会、学生社团组织、学生党支部等常规组织。

（3）培育群体人文观，提升人文意识。高职院校群体人文观的教育，主要是以校训为核心，提炼和确立高职院校人文知识的主题内容，形成全校的教职员工与学生的共同的人文意识。我国高职院校起步较晚，院校文化的形成和培育还不够完善。

就以确立校训来讲，校训能体现学校的办学原则与目标，同时它也是一种文化，是一种面向社会的精神标志，校训理当作为人文环境建设的导航灯。

个体人文意识的提升，既要有教师的不懈努力，又要有学生的主动参与。一方面，教师必须通过各种途径，努力提高自身的人文素养，并在教学或与学生课外接触的过程中，通过潜移默化的熏陶作用发挥对学生的人文影响；另一方面，学生要加强人文知识的学习，主动参与人文环境建设，在实践中提升自己的人文意识。

8. "两型"校园环境建设

"两型"校园环境建设主要包括：资源节约型、环境友好型。小学校园环境建设为贯彻落实国家"资源节约型、环境友好型社会"建设及教育部关于节约型校园建设的有关要求，全国各高校纷纷提出了"两型"校园建设的规划和目标任务，个别省及所属高校甚至提出了"三型"校园（节约型校园、关爱型校园、文化型校园）的建设目标，并在组织建设、制度建设和行动落实方面做了许多努力。

节约型校园建设的方法

开展节约型校园建设，全国各高校已有许多积极的行动和成功的经验。主要做法归纳起来有以下几个方面：

（1）强化观念，增强责任感和使命感，把节约提高到关系全校师生素质、学校管理水平、学校发展质量的高度，加强组织保证和责任分担，形成领导主抓、分级负责、全员参与的责任体系。

（2）加强制度建设，把节能节水落到实处。多数学校建立了强有力的体制机制和政策体系。校园环境建设包括节能降耗指标体系、监管体系、考核体系和目标责任制等，推行"水电承包，计量收费""定额使用、超额自理、谁使用谁付费，收支两条线"等管理机制，把水电使用置于制度管理之下。

（3）加强整体规划，改造和完善节能减排设施。一是把节能减排工作纳入新建工程项目的规划和设计体系。新落成的建筑在供电、供暖、上下水系统等方面均选择了低耗、低排、高效节能设备和器具。二是加强科技改造，减少资源浪费和污染物排放。

（4）强化精确管理，提高资源利用率，严格按定额配置资源，倡导节约，杜绝人为浪费行为。后勤管理部门加强维修管理，杜绝跑冒滴漏现象，减少资源浪费。有的高校还建立了校园电能计量管理系统、校园给水管网监测系统、校园环境建设网络预付费水电管理系统、校园路灯智能管理系统、校园关键设备监控系统等水电管理系统，实现了校园数字化水电管理。

节约型校园建设的内涵

在"两型"校园建设中，节约型校园建设是基础、是关键。按照教育部有关文件精神，节约型校园建设的内涵包括以下几点：

（1）节约资源，综合利用资源以提高资源利用效率为核心，以节能，校园环境建设节水、节材、节地等资源综合利用为重点，大力加强资源的循环利用。

（2）加强体系建设，建立节约制度和激励机制。要坚持以改革促发展，统筹整合校内资源，努力降低办学成本，在课堂教学、实验教学、行政办公、公共服务、基建、科研和后勤等各个方面的管理体制和运行机制上深入推进改革，要建立有利于节约的制约和激励机制，建立以严格、科学、合理的成本核算为基础的各项管理制度，把节约指标列入校内各部门实绩考核评价体系之中。

（3）加强日常工作中的节约管理，学校各项办学活动都要精打细算，厉行节约。坚决反对追求不必要的高标准，坚决反对讲排场、比阔气、铺张浪费。要大力加强对水、电、气，以及教室、实验室、学生食堂、宿舍等公共场所的使用和管理，挖掘各种资源的使用潜力，不断提高资源的使用效率。

（4）要加强宣传教育，强化全员节约意识。要采取各种有效措施，加强学校领导者、各级管理人员、教师、员工和广大学生的节约意识，尤其是节水节电、节约粮食和节约教学资源的意识。

（5）采取有效的节能节水措施，加强节能节水运行监管，新建建筑严格执行节能节水强制性标准，开展低成本节能节水改造，积极推进新技术和可再生能源的应用等。

环境友好型校园建设

"环境友好"是"两型"校园建设的更高目标。参照专家学者关于"两型"社会的定义，环境友好型是一种人与自然和谐共生的社会形态，其核心内涵是人类的生产和消费活动与自然生态系统协调可持续发展。

（1）环境友好型社会的含义。

①环境友好型社会指全社会都采取有利于环境保护的生产方式、生活方式和消费方式，建立人与环境良性互动的关系；

②环境友好型社会指良好的环境也会促进生产、改善生活，实现人与自然和谐。

（2）环境友好型校园建设的内涵。

建设环境友好型校园是建设高水平学校、保持学校可持续发展的战略选择。

①建设环境友好型校园体现了学校科学发展的要求。学校的发展需要一个良好的发展环境和良性的发展态势。在这个环境中，全校师生员工与环境良性互动，共荣共生。每个个体和组织都能在这个环境中寻求合理定位，校园环境建设个体和组织的发展共同营造一个良好的氛围和空间，并支撑和带动学校的整体发展。这样环境的形成，需要一定的规则，有一套制度和机制，特别是需要科学规划，全面统筹。如何处理好发展与公共资源合理有效利用，处理好学校生产及生活服务中的污染排放、清洁生产、绿色科技等问题，都应按科学发展观的要求统筹解决。

②建设环境友好型校园是和谐校园构建的要求。环境友好追求人与自然的和谐相处，倡导好的环境文化和生态文明，提倡重视环境要素，反对铺张浪费和生态破坏，这些理念也是和谐校园建设追求的目标。

③建设环境友好型校园是关注民生的要求。环境友好型校园建设，不仅在观念层面、文化层面体现环境友好，更重要的是生态层面，学

校建设和发展能呈现新的面貌，校园环境得到改善和维护，广大师生员工得到更多实惠。

9. 校园环境建设应注意的问题

校园环境对育人具有重要影响。从当前一些学校校园建设情况来看，加强校园环境建设应注意以下几个问题：

忌盲目建设，重规划设计

现在很多学校建设校园环境没有整体规划，盲目遵从领导意见，有的甚至随心所欲，造成学校景观杂乱，没有景观中轴线，重要景观不突出，校园环境毫无创新和特色。学校要努力避免这种耗钱费力而又无效的盲目建设，要根据学校的整体规划，精心制定一个系统全面的校园环境整治方案，分步实施。方案设计要充分考虑生态景观和人文景观的结合，努力突出本校的特色。校园环境建设是一门很深的学问，看似简单的景观绿化建设，其实包含着很多科学道理。违背科学，单凭主观意志，尤其是领导意志行事就会造成很大损失。只有尊重科学、尊重实际，校园环境建设才能更加科学合理。

忌盲目模仿，重创新适用

有些学校在校园环境建设中照搬照抄，盲目模仿，将一些已有的景观或放大，或缩小，或原状搬入校园；有的学校简单效仿欧式建筑风格，建筑水平低，明显有抄袭之嫌，使人感觉乏味。如某北方学校校园仿建南方学校校园的景观就违背了地域特点，产生的景观效果就不能达到建设要求；将知名学校的景观搬到自己的校园，也显得不伦不类。校园环境建设要因地制宜，以适应学校教学、生活需求为目标，突出生态景观、人文景观设计，不能盲目追求效果，将不适宜校园的景观搬入校园。文化景观重在创新，新颖、自然、符合地域环境才具有活力。要考虑学生的心理需求，对文化景观环境，现代学生不仅要求具有知识性、和谐性、对比性，还要求具有新奇性、丰富性和多样性，追求开阔视野、思想深化的东西。例如一座雕塑，就不能简单、随便做个塑像就算环境建设，要使其能体现学校的文化底蕴，大小比例体现美感，并与校园的氛围相适应。

忌盲目耗资，重量财而建

有些学校在环境建设上一味追求新、大、特，在校园内建设占地面积较大的广场和湖面，虽然环境景色壮丽，给人以冲击力，但壮丽的背后往往造成了投资较大、维护成本过高的后果。校园环境建设要根据学校的财力、物力量力而行，不能盲目耗费巨资进行校园环境建设，更不能挤占教学、科研资金进行建设。环境建设要注意从实际出发，充分利用各种空间。例如：可以将陈旧的、淘汰的建筑拆除，建设适宜的具有创新观念的校园景观；还可以见缝插针地进行小区域景观建设，在保留年久树木的情况下，增加小范围绿地，减少裸露土地，做到土不露面，在一些建筑上增加藤类植物或浮雕，从平面上和空间上增加绿色景观和文化景观。

忌品种单一，重生物多样

当前，一些学校校园绿化对树种的选择上有明显的领导意志，往往根据领导的喜好，片面强调选择单一品种，而不是依据生物多样性来选择植物品种。在今后的建设中，特别在制定绿化方案时，学校要按照生物多样性原则确定树种选择方案。植物具有多功能性，可以美化环境，还有造氧、遮阳、除尘、降噪，以及吸收废气、保持水土、增加湿度等功效。要因地制宜，选择适合本地气候、土壤环境的乡土树种，提高种植成活率。还应根据各地不同情况，有针对性地突出植物的某一方面功效。例如，学校周边选择吸尘降噪的常绿树，在校园内选择观赏性较强的季相明显的观叶赏花树种。

忌单纯人工造林，重天然植被保护

我们常常看到一些学校在绿化改造中嫌天然生长的树林长得不整齐，以为观赏性不好或者认为树种经济价值不高而毁掉后种上整齐划一的人工林，这在当前校园绿化改造中是一个比较普遍的现象。专家认为，从生态保护角度来看，这样做完全是舍本逐末。"十年树木"，树长大成林，具有自然美，是天然"氧吧"，更是"天然消声器"，其功效不言而喻，要改造就要充分利用，甚至为了保护而修改设计方案。

忌面子工程，重科学理念

近几年，国内绿化经历了广场热、草坪热、大树移植进城热、南方热带树种引进热、移栽古树热等。这些现象在校园环境建设中一样存在，主要是某些领导热衷于建设"形象工程""面子工程"所致。对此，我们应该冷静反思，校园绿化唯有注重科学配置才是正途。大树移植，其实是对生态环境的破坏。一方面是对当地植被的破坏；另一方面是大树成活率低，尤其是深山古树被移植后，常常"水土不服"，导致成活率低。而且移树经费高，远地大树移植，成本加运输费用高，为保证移植大树的成活，还要投入大量的人力、物力、财力。生态校园建设不是做简单的绿色加减法，要尊重科学，要依据植物的生态特性，以全面、健康、科学的绿化理念进行设计配置，要以乔、灌、草相结合，合理搭配。在绿化问题上必须按规律办事，依据科学的方法，营造生态校园环境。

忌野蛮破坏，重文明施工

学校基建改造为了不影响教学秩序多在寒暑假期间施工。为了赶时间、赶进度，经常出现大型机械损伤树干、树皮，施工过程中石灰水泥残液流入绿地土壤，机械反复碾压绿化地使其板结，还有将建筑垃圾混入绿化用土里等情况。这些都将造成土壤结构破坏、肥力流失，严重影响植物生长。工程建设要坚持文明施工，树木和草地应采取具体措施予以保护，以避免造成机械损伤。特别是道路改造时有时由于铺设人行道步砖需要做垫层，石灰和水泥都会造成土壤碱化，危害行道树正常生长。因此，在施工过程中应先对树穴采用保护措施，避免石灰浸入，防止树穴内浇含有石灰、水泥的水。对于施工产生的建筑垃圾，要及时清运出绿化地，而不能将其混入绿化用地中，否则将严重影响植物栽植及草坪的铺种。

忌只种不养，重科学养护

一些人认为校园环境整治改造或景观工程完工后，只是简单地清掉垃圾，拔掉杂草，种上绿化树苗，铺上绿化草坪就万事大吉了。其实，对校园环境的管理养护更为重要。绿化地的整理恢复，重点在于为树木、草坪等植物提供良好的生长条件，保证根部能够充分伸长，维持活力，吸收养料和水分。在绿化管护方面，不能只管栽植、浇水保活，而更要加强管理，应用科学的养护管理方法，严格按管理技术规程来操作，以保证改造后的绿化景观效果尽快形成。

10. 校园环境建设要彰显人文关怀

校园环境建设中人文关怀的基本内涵

校园环境是指在校园内影响师生员工生活、学习和发展的各种自然因素和社会因素的总和。本文所指的环境是特指学校的物质环境，主要包括学校的建筑群、运动场地、校园绿化、道路及人文景观等校园文化物质形态，是校园文化直观的外在表现形式。

人文关怀是指以关怀人、尊重人为主旨的思想体系。这一思想体系表现出对人的生存现状的关注，对人的尊严与符合人性的生活条件的肯定和对人类的解放与自由的追求。校园环境建设中的人文关怀，就是指在校园环境的规划、设计和实施的过程中都要坚持"以人为本"的理念，理顺人与环境的关系，确立人的主体性，充分体现对人的尊重、关心、理解，通过优美的校园环境体现人们生活情趣和人生追求。

校园环境建设中注重人文关怀的现实意义

随着教育的发展，对校园环境建设提出了更高的要求。"以人为本"的理念及和谐校园的提出，大学对人才的培养目标朝着"综合素质型"转变，人们对美好环境的向往和追求，使校园环境德育和美育的职能进一步强化，环境对人的潜移默化的影响日益受到重视。在此背景下，提倡人文关怀，对于校园环境建设具有现实意义。

校园环境是人的环境，校园环境的职能，就要求在校园环境建设中，以人为主体，关心人，以满足人的物质和精神需要为出发点和归宿。目前校园环境建设中，对人文关怀的体现，与我们的理想状态还有较大的距离。校园规划设计沿用旧标准模式，设计方法存在局限，对现代大学的新变化缺乏敏感和预见，忽视了校园环境的具体的人类行为特征，过分追求宏伟、高大的景观形象，却因此忽视了人对环境的多层次需求。广场以大为好，往往大而不当；车道以宽为好，行人的空间越来越小；绿化急功近利，多以草坪为主，绿而无荫；建筑物的造型以新异奇特为美，破坏了环境的整体和谐协调。凡此种种，与人文关怀的精神背道而驰。校园环境建设中注重人文关怀是校园环境职能的必然要求。

（1）满足师生学习生活的需要是校园环境最基本的职能。

校园环境是师生从事教学、科研、生活的物质载体。满足以学生为主体，教师为主导的教与学、相互交流、师生生活等物质需要是校园环境的基本职能。校园环境是师生参与、交流和聚会的场所，是每个人获得认同并以之为归属的场所。校园环境是因人的需要而建设的，是为人服务的。因此，校园环境建设理所当然要体现人文关怀，以方便、舒适、安全为最基本的要求。结构、功能合理的物质空间环境有利于激发人们学习和交流的兴趣。

（2）环境育人是校园环境的又一职能。

环境的育人性，是校园环境的又一职能。马克思说过："人创造环境，同样环境也创造人"。显而易见，人格的升华、自我的完善离不开良好的环境。"景美则心旷，心旷则神怡，神怡则智清，智清则学佳。"好的环境就是一部立体的、多彩的、富有吸引力的教科书，有利于学生从中吸取精神营养，帮助学生养成良好的行为习惯，陶冶情操，提高审美能力和思想道德素养，形成良好的道德风尚。学校环境对人的影响在本质上是一种细雨润无声的"无声教育"，是一种"隐形教育"。环境要达到教育的目的，就要尊重师生在环境中的主体地位，使师生在环境中充分体会到环境对人的关怀，使人对环境产生依恋和认同，在思想上产生共鸣，进而影响和改变自己的思想、观点和立场。只有在校园环境中注重人文关怀，才能发挥环境寓教于景、润物无声的作用，对人产生潜移默化的影响，"如入芝兰之室，久而不闻其香"。

（3）校园环境是师生休闲娱乐的憩息地。

校园环境是一个高雅的文化场所，也是师生休闲娱乐的憩息地，创设一个温馨舒适的生活环境十分重要。在紧张的教学之余，人们回归自然，"借山光以悦人性，假湖水以静心情"。在优美的环境中享受美好生活，接受美的熏陶，净化心灵，融洽人际关系。校园环境要满足师生休闲娱乐的需要，就要以人对美的理解和享受生活的要求，实现人与环境的和谐相处，实现环境对人的包容和理解。营造绿草如茵、鸟语花香、亭榭交错、山水相映的自然环境和充满人文精神的世界，离不开人文关怀。

校园环境建设中注重人文关怀的着力点

把校园建筑的作用由注重满足人的生活、生存等基本需要，提高到满足人的情感寄托和追求生活的诗情画意的更高层次上来。校园环境规划和建设要一方面体现传承历史，体现学校特色，反映时代风貌，表现学校的文化特点。另一方面更要注重人文关怀，学校是教育和科学研究的场所，其主体是教师和学生。所做的一切工作都要以师生的需要来设计安排，维护师生的利益，塑造与人亲和的环境。以满足师生学习、生活的需要：舒适、安全、健康、文明，以促进学生的

全面发展为准绳，以达到审美、益智、修身、养性为目的，并要注重彰显学生的个性，平衡学生个体间需要。

校园建设要靠全体师生共同建立和推动，通过他们的积极参与来进一步促进校园建设迈上新的层次。校园的建设，千万不能凭主观想象。基建和管理部门要尊重师生的意愿，增强师生的参与意识，鼓励师生民主公平地共同参与学校环境教育建设，充分发挥师生的主观能动性，实现良性互动。重要的决策活动，要充分征求师生的意见和建议。这样做可以找到师生满意的方案，还可以通过参与校园环境建设，学习环境和社会知识，理解人与环境的关系，提高环境素养。

人文关怀体现在师生学习、生活环境的方方面面。校园环境中的人文关怀可以从以下几个方面来体现：

（1）满足学生的好奇心和求知欲的需要。校园中常常见到一些绿色植物上悬挂标识牌，牌面用各种文字标注植物特征，使学生能经常认识植物、了解植物、研究植物。

（2）满足学生学习生活方便的需要。在中心地带设置校园分布图，在建筑物上标注其名称、在交叉路口设置路牌等标识，方便来访者找寻。在机动车不能通过的路段，预先设立指示牌。种植耐践踏的草种，把绿化带拐角改成弧形，将踏出的小路变成真正的小路，方便行人。校园的车行道和步行道系统，既是校园各区域的交通联系纽带，也是人员疏散流动的重要场所。要坚持步行为主，人车分流的原则，满足交通便捷的要求，保护步行者的安全。应采取限制车速，禁止某些车辆通过等交通措施。

（3）满足学生追求美的需要，发挥校园环境的审美功能。营造一些具有艺术价值或象征意义的经典景观。布置的景点、植物造型，力求精美，以形悦心，以文悦目；校园建筑要与校园环境相融合，体现美观与实用的有机统一，追求陶冶师生情操的建筑美；植物分布、绿地要讲求自然美、协调美。

（4）满足学生自我教育的需要。校园的建筑、雕塑艺术、园林绿化景点是一个个文化符号，它传达着教育者的理念，蕴涵着学校的精神，给人以美的享受、理性的启迪。精心打造人文景观，名人警句、名人雕塑等不仅是对校园的美化，更是一种潜移默化的教育。在美观、优雅和文化内涵丰富的环境中生活，可以潜移默化地影响学生个体思想品质、道德情感和道德行为，达到"如入芝兰之室，久而不闻其香"的教育效果。

（5）满足学生多层次的需要。人们对环境的需求是多方面的，在空间设置上，应满足师生在不同时间和不同场合的需要。人们既需要有高大宏伟的景观展示人类的伟大力量和理想，满足"瞭望"的需要。人们既需要有宽阔的场所表现自我，也需要在林荫边缘地"歇脚"。人们既需要有方便快捷的人流通道，以满足快节奏学习生活的需要；也需要曲折迂回的小径，以满足课余散步休闲的要求。学校应具有一定的供师生交往、聚会、健身等活动的公共场所；具备一定的供个人学习、休息、观赏等不受外人干扰的安静角落；具备供小团体集聚高谈之地。

当然，我们在强调校园建设要注重人文关怀的同时，还要注重生态环境自身内在的规律，在对客观物质环境的理解和改造上还应依据系统内在的运行机制，而不能盲目地强调"人文关怀"。

11. 校园环境建设适应育人需要

园林绿化建设与发展，提高校园环境质量，都离不开环境育人这一重要目标，从园林专业理论角度或是实践探索论证上都需要以育人为目的，这也是高校园林与办社会园林的不同点。高校是培养高、精、尖人才的地方，是科研、教学场所，办好高校园林，是大家的心愿，追求一流的校园环境是大家的工作目标。

"三服务、三育人"，即为教学服务、为科研服务、为师生员工服务；服务育人、环境育人、管理育人是高校园林事业者信仰理念或工作的出发点。学校除具备一流的师资力量和学术环境，除足够的教学、科研投入和科研成果外，还应具有一个一流的校园环境，校园环境建设在学校发展过程中具有十分重要的地位。

校园绿地系统所产生的生态效益，所提供的环境空间，形成独特的校园文化，无时无刻地影响着莘莘学子，成为校园发展的重要载体。

园林建设必须适应育人的需要，也就是在前辈的辛勤劳动基础上，坚持与历史文化相结合，以人文精神为理念，与校园风貌相协调，以秀雅、精细、端庄为特色，创造为育人服务的校园绿化体系。

树木与树人

学校具有丰富的自然环境和悠久的历史文化，如秀丽的山水、丰富的绿化植物、别具一格的早期建筑及众多教职员工的辛勤劳动结晶，给学校园林增添了丰富的内容。时代在前进，学校教育事业在发展，作为我们这一代人责任重大，在传承绿色文明，不断开拓创新过程中，坚持绿化工作适应育人的需要，树木与树人的工作非常重要，把此项工作做好需要重视以下几项工作：

（1）建立一支适应校园建设发展的园林绿化专业队伍。

（2）提高校领导及全校师生的爱绿、护绿管理意识。

在校园环境建设中蕴藏着人文精神，如通过师生参加义务植树活动，增强了师生热爱自然，保护环境的意识，切身体会校园环境独特的寓教于乐的作用。

校园精神与校园文化环境

（1）校园精神方面，优美的自然风光、浓郁的人文气息、丰厚的历史底蕴、光荣的革命传统、严谨的校风，给学生创造了良好的学习氛围，更让学生感受到勃勃生机和创新精神。

（2）校园文化环境方面，如标志性建筑独具风格，集中外建筑之长，注重与自然环境、人文环境的有机结合，利用"对景""借景""造景"等手法，使建筑与环境相得益彰，体现中国建筑与自然和谐的传统特色。

（3）人文景观要主题鲜明。校园要多设具有教育意义的人文景观，如爱因斯坦、闻一多等人的塑像。这些校园园林建设作品能够诉说一段历史、一个典故，默默地向学生昭示着学校的传统、历史和文化，激励师生拼搏向上。

（4）资源要丰富、设施要齐全。学校要设有生命科学、资源环境等相关学科，这些专业支持着校园环境的建设；要有可借教学科研、培育校园环境布置用的花卉温室；还要有足够的苗圃用地和多种园林机械。

（5）校容校貌景色要如画。要对校园进行绿化、美化、亮化的建设，使校园更具特色，让湖光泛色、广场增辉、绿树成荫、花草芳香，处处是美景。这一切，不管是自然景观还是人文景观，都充满了智慧和创造，构筑起启迪人的氛围。

服务与育人

学校的声誉同校园环境是紧密相连的。学校园林必须以全新的面貌来展现，以适应学校跨越式的发展，这既是时代发展的要求，也是自身发展的需要。要不断建设新的校园绿化环境，必须做到以下几点：

（1）保持原有框架，不断进行完善，提高绿化档次。例如，广场前的绿化改造，对园林设施及植物进行精细管理，提高绿化整体水平。

（2）突出办学特色，重点建设景点，适应育人需要。也就是根据学校发展的需要，建设一批大的景点，如修建名人塑像等。

（3）规划校容布局，强化科学管理。从可持续发展的角度对校园建筑和园林绿化建设进行新的总体规划。即现已形成的景观系统：以山林为绿心，以各植物景点、绿化广场、水面为绿点，以道路网络为绿线，组成三个层次的景观结构，完善校园绿化工程。

（4）坚持与时俱进，推动后勤改革，服务育人，做让师生满意的后勤。园林绿化工作是学校后勤工作不可缺少的一部分，学校园林与环卫服务中心应充分发挥自身的作用。

学校园林与环卫服务中心承担全校的园林绿化、环境卫生、生活垃圾处理、清扫保洁、会议花卉布置、悬挂横幅等相关事务性工作。他们要完成学校下达的各项工作任务，不断地提高工作质量，努力实现服务育人的工作目标。建立起一支能促进学校稳步发展的园林专业队伍。

服务是后勤工作永恒的理念，让师生满意和适应学校发展需要作为第一追求，学校园林建设是校园环境建设的需要，也是校园育人的需要。

12. 学校校园环境建设指导

学校校园环境建设是学校管理的重要组成部分，是促进学校精神文明建设的重要手段，也是展示学校风貌的主要窗口。为切实加强学校的校容校貌建设，提升学校文化品位，营造"整洁、整齐、文明、大气"的校园环境，特制定本方案。

指导思想

学校以全面贯彻教育方针、全面提高教育质量为宗旨，以全面实施素质教育、培养学生创新能力和社会实践能力为具体目标，坚持以"整洁大方、清新高雅、文化品位"为理念，探寻学校可持续健康发展的结合点，着眼于校园文化氛围对师生的熏陶和感染，将现代文明信息与传统文化底蕴有机渗透，为学生的发展、教师的发展和学校的发展创造优良的人文环境，使全校师生身心愉悦，让师生时时处处都感受着学校文化的魅力，促进良好思想道德修养的形成。

总体目标

通过学校制定的各项规章制度、学生行为规范守则等校规校纪，形成学校的制度文化，加强学校物质文明建设，创建整洁、优雅、文明的校园环境，形成学校的物质文化，培养优良的校风、教风、学风，形成学校的精神文化，通过师生全员参与，开展各种文明创建活动，形成学校的行为文化。

方案实施

（1）成立机构。成立以校长任组长、副校长任副组长的校园环境与文化建设领导小组：主要成员有政宣与后勤办公室人员、各班班主任。

领导小组及时召开专项工作会议，研究和部署校园环境与文化建设工作。

（2）宣传发动。围绕目标要求，面向全校，充分利用标语、宣传栏、校园广播等大力宣传校园环境建设的意义，营造浓厚的舆论氛围，层层召开会议,动员全校广大师生积极参与校园环境建设和整治工作,确保治理活动取得良好的效果。

（3）自查自纠方案制定后，领导小组分两组进行校容校貌大检查，首先对操场花圃等处逐一检查，然后分别对每一个教室、办公室进行检查，并对发现的问题一一登记，然后由后勤、政宣办公室梳理汇总。

（4）集中整治，对梳理出来的问题限期进行整治。

①彻底整治校园环境"脏、乱、差"现象。狠抓"三扫"（早上、中午、下午）和每周五的大扫除，通过全面整治，教室、办公室无灰尘、无杂物、墙面无乱涂乱画痕迹；地面整洁，无纸屑、果皮、污物、废弃物、积水，厕所干净无异味，彻底清除卫生死角。

加强对学生的养成教育，各班设立卫生监督岗，每节课后派卫生监督员到自己班上的清洁区轮流值守，清扫清洁区垃圾，制止在清洁区乱丢乱扔行为，把乱扔垃圾的学生交学校处理，保持清洁区的洁净，彻底解决校园内地面存有纸屑、食品包装袋的现象。

②添置垃圾桶，所有垃圾一律入桶，保持校园整洁、美观。

③规范校园内的各种标牌悬挂方式，定期更换教室内的黑板报和宣传栏的内容。

④修补正门缺角，重新上漆。

⑤对教学楼、办公楼掉漆的贴字重新刷漆，对损坏的玻璃进行更换，对车棚、栏杆、铁艺围栏等进行修补加固。

⑥抓好校园绿化、美化，做到绿化地无枯枝树叶、无杂草。

（5）营造氛围。

①营造健康优美的校园文化环境。规划校园硬件环境建设，如健身器材场地、跑道的修整、乒乓球场地的硬化。完善学校的校园广播系统，充分利用好学校的广播站，及时播放校园新闻、先进人物事迹和师生的优秀稿件，不断拓宽校园文化建设的渠道和空间。

②组织丰富多彩的校园文化活动。积极开展各种健康有意义的课外文化活动，少先队大队部充分发挥职能作用，结合学校校园环境与文化建设主题，经常组织学生开展各种比赛和活动，如环保科技小发明、爱校爱家演讲比赛、经典诵读比赛、师生眼保健操比赛、广播体操比赛等。

③开展校园文化教育。运用学生喜闻乐见的形式进行教育。组织学生观看爱国主义教育片，利用入学、毕业、节日等有特殊意义的日子，开展主题教育活动。通过这些活动，学生能够从中受到熏陶和潜移默化的教育。

④抓好学生日常行为规范教育和法制教育。制定规章制度，建

立健全学生行为评价和反馈体系，不断促进学生良好行为习惯的养成。

13. 学校校园环境建设方案

校园的选址

一般来说，当学校的性质、规模及布局位置明确之后，有关部门必须进行选址的可行性论证。校园选址要根据当地城市规划、学校布点调整等众多因素综合考虑，其基本条件：学校占地面积应达标、学生就学距离应适度、学校自然环境应适宜，公用设施齐全。

（1）学校占地面积应达标。中华人民共和国成立后，我国在各个时期对不同类型的学校用地面积均有规定，但在具体执行时，由于种种原因，许多学校难以达到面积指标，影响了学校正常教育工作的开展。当前，在教育现代化的进程中，许多学校面临调整、拆并。新建设的学校，必须按照国家现行标准进行选址和规划设计，以确保教育现代化的实施。

（2）学生就学距离应适度。学生就近上学是根据不同年龄学生徒步上学的体力消耗情况和上学途中所需时间等因素决定的。在我国学生就学距离一般是：城镇小学宜在 *500* 米以内，城镇中学在 *1000* 米以内；农村小学宜在 *1000* 米以内，农村中学在 *3000* 米以内。超过此距离的学生可住宿就读。我国关于学生就学距离的规定与世界上其他国家的规定基本相近。据日本《学校建筑规定设计》资料统计，日本

小学就学距离为 *500～1000* 米，初中 *1000～2000* 米；美国小学就学距离为 *800～1200* 米，初中 *1600～2400* 米，高中 *2400～3200* 米；英国小学就学距离为 *400～800* 米，初中 *1500* 米。学生就学距离适度，有利于提高社会在教育方面的成本效益。

（3）学校自然环境应适宜。校址应选择安静的自然环境，尽量避免各类噪声；要远离空气污染源；凡堆放易燃、易爆等危险品或有害物质的地方，绝对不能建学校；学校周围最好有良好的社区环境，如周围有少年宫、图书馆、动植物园等。总之，安静、卫生、安全的环境是校址选择必须考虑的几个方面。

（4）公用设施齐全。这主要是指学校周围的交通设施、医疗设施等。在城市学校，往往由于各种因素，一些学生上学地点较远，如果校址的周围没有交通站点，会对学生的上学带来极大不便，故学校不宜离公共交通站点太远。此外，学校最好也不要离医院太远，这样便于学生遇到突发事件时及时送医院就治。

校园环境及其特性

校址选定后，接着要考虑校园环境的建设问题。校园环境既包括学校的教学设施，也包括其他辅助环境，如校园的花圃、树木、道路等。校园环境建设不仅保证了学校教育活动的顺利进行，同时也以其独特的风格和文化内涵，影响着师生的观念和行为，正如苏联教育家苏霍姆林斯基所说："依我们看，用环境、用学生自己创造的周围情景、用丰富集体生活的一切东西进行教育，这是教育过程中最微妙的领域之一。"

什么是理想的校园环境？如果一所学校的校园环境能体现出以下特性，我们可以说这就是理想的校园环境：

（1）教育性。校园环境的教育功能表现为一种耳濡目染、潜移默化的熏陶。设计新颖、造型别致的教学楼，功能齐全、美观大方的综合楼、实验楼及带有天文观测台的科技图书楼等，都在暗示学生去渴求知识、向往科学。良好的校园环境，以其"润物无声"的功能，无时无刻都在影响着学生的知、情、意、行，陶冶学生的健全人格。

（2）艺术性。一所学校的校园环境，就是一件完整立体的艺术作品。校园环境建设，应充分体现美学原理，灵活运用"重复、层次、比例、调和、对比、简明、韵律"等美学原则，使校园里的一草一木、一砖一石体现出美感，引导学生爱美、惜美的心理，追求积极、健康、和谐、向上的情感体验。

（3）整体性。学校环境建设，要以学校的整体背景为依据。如果看到别的学校有漂亮的喷水池，别致的假山、荷花池，就如法炮制，结果弄巧成拙，使自己的校园环境不伦不类。因此，校园环境建设不能生搬硬套，应有整体规划，既考虑到校园区域分配合理，又考虑到经费条件和实际状况。

（4）情境性。校园环境的具体、形象并带有情感色彩体现了情境性特点加校园里教学楼风格各异，花木四季芬芳，教室明亮整洁会激发学生欢乐、振作、奋发进取的情感；教室破旧、纸屑杂物乱丢的情境，会使学生产生厌恶而不健康的情感。所以，美好的校园环境，为学生创设了一个良好的道德情境,有利于教育者调动学生健康向上"的情感，实现教育的目标。

校园的规划设计

校园环境建设要通过校园的规划设计体现出来。一般来说，在进行校园规划设计时，要根据学校的规模和性质，从整体出发，因地制宜，充分利用现有的地形地貌，构建一个完整的室内外活动空间，并营造出环境优美、使用方便的学校校区。

（1）学校各部分的用地规格。校园用地可分为建筑用地、运动场地、绿化用地和其他用地等。根据学校班级、人数的不同，各用地面积也有所不同，在这方面国家一般都有设计规定，在对学校进行设计规划时，必须尽可能参照执行。

（2）校园规划的功能分区。校园环境建设按其功能可分为教学区、体育运动区、生活区和校办工厂（场）区。教学区要有安静的环境和良好的朝向、日照、通风条件；生活区的教工与学生宿舍应建在比较安静的地方；校办工厂（场）区应独立门院，以免造成对教学区的干扰。

（3）校园建筑的朝向与间距。一般来说，校园建筑的朝向与当地的气候条件、地理环境密切相关。在北方地区，要考虑冬季室内的日照时间和夏季的自然通风量；中部地区，要考虑夏季通风和冬季日照的条件；南方地区，要考虑避免东西晒。从建筑间距来看，校园建筑一般宜大于 25 米，这样能较好地满足日照、防火、通风、卫生、防震等要求。

除上述要考虑的因素外，另外像楼房的高低、过道的宽距、普通教室和专门教室（如实验室、琴房等）之间的搭配、校舍外墙的色彩和装饰等，也都是校园规划所要考虑的问题。

校舍的配备标准

校舍有其专门的配备标准，它主要包括两个部分：一是用房建筑标准，二是用地面积定额标准。现根据国家教育部的有关校舍规划面积规定进行简单介绍。

（1）中学用房建筑标准。

①教学用房。

教室包括普通教室、音乐教室、阶梯教室等。普通教室每班一间，固定使用；音乐、阶梯教室均穿插排课。普通教室 - 音乐教室每间使用面积为 54 平方米，每座 1.08 平方米。阶梯教室全校 1 间，供放映幻象灯、科教电影、观摩教学、学术报告、合班上课用。使用面积为 100 ～ 150 平方米，每座 1 平方米。

实验室包括物理、化学、生物实验室等，每间使用面积为 73 平方米，每座 1.46 平方米。每间实验室配备仪器和准备室一间，使用面积为 43 平方米。此外，可设置地窖或专用药柜（橱）贮藏危险药品。

语音教室，利用电教手段进行英语教学的专用教室。每校 1 间，使用面积 89 ～ 92 平方米，附属用房（控制室）使用面积 45 平方米。微机室，学习和掌握计算机理论和应用的专用教室，应附设控制室、教师办公室、资料贮存室和换鞋处等辅助用房。12 ～ 18 个班级学校设 1 间，24 ～ 30 个班级的学校设 2 间，每间使用面积 92 平方米。辅助用房每间使用面积 25 平方米。

美术教室，培养学生审美能力和艺术爱好的专用教室，使用面积 89 ～ 92 平方米。辅助用房每间使用面积 25 平方米。劳技教室，培养学生初步掌握生产技术和劳动技能的专用教室，使用面积 92 平方米，另设工具室，使用面积 25 平方米。

图书阅览室包括藏书室和教师、学生阅览室等。藏书室藏书量按学生人均 30 ～ 40 册配置，使用面积为 50 ～ 90 平方米. 教师阅览室按教师人数 1/3 设座位，每座使用面积为 3 平方米。学生阅览室按

学生人数 *1/20* 设座位，每座使用面积为 *1.2* 平方米。

科技活动室使用面积为 *68 ～ 102* 平方米，主要用于开展航模、电子技术等科技活动。

②行政用房。

党政办公室，包括党支部、校长、教务、总务办公室，以及档案、文印、会议、保健、广播等室列总务仓库等。

教学办公室，包括教师、体育和职业技术教育办公室等。教师办公室按全体教师设座位，每座使用面积为 *3* 平方米；体育办公室按全体体育教师设座位，并存放小型体育器材，使用面积为 *14 ～ 28* 平方米。社团办公室，包括工会、团队和学生会办公室等。

③生活用房。

教职工单身宿舍按教职工人数的 *30%* 安排，人均居住面积为 *6* 平方米。教职工食堂使用面积为 *143 ～ 245* 平方米，餐厅可兼作学生风雨活动室。

学生宿舍，农村中学在 *12* 个班规模以上，可以安排 *20% ～ 40%* 的寄宿生，每生使用面积为 *2* 平方米。城市中学一般不考虑寄宿生。近几年兴建的高等级民办学校均采用寄宿制教育，学生全部寄宿。

（2）小学用房建筑标准。

小学用房包括教学及教学辅助用房、行政用房和生活用房三部分。其中，教学及教辅用房的配置标准如下：

教室包括普通教室、音乐教红舞蹈教室和多功能教室等，普通教室每班一间，使用面积不得少于 *61* 平方米。音乐、舞蹈教室，每间使用面积为 *73* 平方米，拥有 *12* 个班级的学校，二者合用，*18* 个班级以上学校各设 *1* 间。多功能教室每校设 *1* 间，主要用于视听教学、合班上课、观摩教学和集会，同时兼作文体活动室。其使用面积 *100 ～ 180* 平方米。

自然教室，每校设 *1* 间，用于自然常识课演示和实验，使用面积 *84* 平方米，附设教具标本陈列室，使用面积 *46* 平方米。语音教室，供外语、拼音教学使用，每校设 *1* 间，使用面积 *82* 平方米，附设辅助用房 *1* 间，使用面积 *23* 平方米。微机教室，是进行计算机教学的专用教室。每校设 *1* 间，使用面积 *82* 平方米，另附设辅助用房 *1* 间，使用面积 *23* 平方米。

美术书法室、劳技室、科技活动室，每校各 *1* 间，使用面积 *32 ～ 82* 平方米，用于学校的教学与课外兴趣小组活动。

图书室，包括藏书室、学生阅览室和教师阅览室等，学生阅览室每校设 *1* 间，按学生人数的 *1/20* 设座，每座使用面积 *1.5* 平方米。教师阅览室兼作教职工会议室，使用面积为 *47* 平方米。

（3）用地面积定额标准。

中学用地面积主要包括校舍建筑面积、运动场地面积和绿化用地面积。校舍建筑用地一般以平房按 *33%* 的密度，楼房按 *25%* 的建筑密度计算。运动场地，每个学校均设置 *250* 米环形跑道（附 *100* 米直跑道）一个，有条件地区或规模较大的学校可设置 *300 ～ 400* 米环形跑道田径场一个。此外，根据学校规模设置一定数量的篮、排球场若干。绿化用地，按每个学生 *1* 平方米计算。根据上述规定，一般中学规划用地面积为：完全中学，每个学生占有的用地面积 *13 ～ 16* 平方米；初级中学，每个学生占有用地面积及 *4 ～ 16* 平方米。

小学校舍建筑用地，平房按 *33%* 的建筑密度、楼房（按 *3.5* 层计）按 *27%* 的建筑密度计算建筑用地面积。运动场地，每个学校设置 200 米环形跑道（附 60 米直跑道）田径场 1 个。此外，根据学校不同规模设置一定数量的篮球场和运动器械场。绿化用地（兼生物实习和气象观测园地），按每个学生 0.5 平方米计算。这样，一般小学的规划用地面积定额为，每个学生占有用地面积 10 ～ 11 平方米。

校舍的管理和维护

校舍是学校教育教学活动的场所。校舍是否安全适用，关系到学校师生的生命安全，以及教育投资的效益。因此，抓好校舍的管理和维护，有着十分重要的作用。

校舍管理首先要建立健全各种管理和维修制度；其次要坚持经常检查和定期全面检查，尤其对一些年久失修的旧房，要进行重点细致的检查，如发现结构损坏、蛀蚀、腐烂或其他重大险情的，应及时报告教育行政部门和有关地方政府，凡经技术鉴定为危房的，立即采取措施一律不得使用；再次要对校舍的辅助设施，如室内外给排水系统、电气照明系统、锅炉、水泵、避雷针等经常进行维修保养；最后要加强对师生员工的教育宣传工作，使他们增强安全意识，掌握安全知识并提高专业素质。

校舍档案管理也是校舍管理不可缺少的一个方面。健全的校舍档案，可以为校舍管理提供从勘测设计到施工验收等各阶段的完整的文书资料、技术参数、账册图表的原始凭证，帮助我们清晰地了解校舍建设的历史和现状，为日后的校舍管理与维修提供便利。校舍档案的内容主要包括：校舍总平面图；学校房屋平面图及情况说明书；学校房屋的施工图、竣工图及有关资料；运动场地的施工图、竣工图及有关资料；全校给排水系统，照明及动力线路系统，电讯线路系统图及有关资料；历年校舍的增减情况及说明等。在建立健全学校校舍档案工作中，要制定切实可行的制度。各级教育行政部门对下属学校的校舍要进行立案，实行分级管理，层层负责。每所学校的校舍档案要有完整详尽的各种文件与资料。上级教育行政部门要定期对学校的校舍管理进行统计汇总，及时了解校舍状况。特别是对旧房和危房，更要做到心中有数，以便制定修缮改造方案，及时维修与改造，避免伤亡事故。

学校教学设备的配置

学校教学设备是学校教学所需的各项设施和教学所用的各种物品的统称。学校教学设备主要有教室设备、实验室（小学自然教室）设备、史地教室设备、书法教室设备、美术教室设备、音乐（舞蹈）

教室设备、体育教学设备、语音教学设备、微机教室设备、电化教室设备、图书室（馆）设备、卫生保健设备等。

（1）教室设备。

①课桌椅。课桌椅是学校中使用率最高，并直接与学生身体相接触的设备。配置合适的课桌椅是使学生减轻坐姿疲劳，提高学习效率，预防脊柱发育异常和近视眼发生的重要条件。为使课桌椅的大小、形式同青少年学生的生长发育相适应，国家制定了中小学生使用的课桌椅标准。

②黑板。黑板是教室内的基本设备。黑板的材料大致有木板、水泥板、玻璃、金属板等几种。使用何种黑板要从学校的实际出发。黑板的高度不应小于 *1000* 毫米，宽度小学不宜小于 *3600* 毫米，中学不宜小于 *4000* 毫米。黑板应悬挂在教室前壁正中，下沿与讲台的垂直距离小学宜为 *800 ～ 900* 毫米，中学宜为 *1000 ～ 1100* 毫米，这样可以较好地适应教学工作需要和学生的视觉要求。

③教室的其他设备。教室的设备除课桌椅外，还有讲台、橱柜、扬声器、电风扇等。一些条件好的学校，教室里配置投影仪、收录音机、大屏幕电视机和闭路电视摄像探头等。

（2）实验室设备。

实验室设备也是教学设备配置的一个重要领域，在这方面中学和小学略有不同。中学需有专门的学科实验室，小学则需配置自然教室。根据课程设备要求，中学应设置物理、化学、生物实验室。物理、化学实验室可分为讲试合一实验室、分级分组实验室和演示室三种类型；生物实验室可分为显微镜实验室、演示室及生物解剖实验室三种类型。中学实验室的配置要符合两个条件：一是符合教学实验的实际需要，方便教师准备实验、演示实验、指导实验，方便学生独立实验操作；二是要符合安全标准，所有电器设备必须有良好的接地装置，实验室讲台或讲台附近有总电源的断电装置，化学实验室要有良好的通风装置，危险品需有安全放置设备。

（3）电化教室设备。

中小学电教设备，包括电教器材和电教教材两部分。电教器材，主要包括：投影设备，如幻灯机、投影机、电影放映机等；电声设备，如扩音机、录音机、电唱机、无线话筒、收音机、语音实验室设备等；电视设备，如电视机、录像机、摄像机、闭路电视系统等；计算机教学设备，多媒体教学系统等。电教教材，主要包括三片两带；即幻灯片、唱片（CD片）、电影片、录像带和录音带。微机光盘和软盘也已进入学校，成为常用的电教教材形式。

（4）图书室（馆）设备。

学校图书室（馆）设备主要有两部分构成：一是书架、书橱、报架、目录柜、借阅台和阅览桌椅等设备；二是图书杂志。根据教育部颁发的《城市一般中小学校舍规划面积定额（参考指标）》规定，中学藏中量为2.7～6万册，平均每生30～40册；小学藏书量为1.6～3万册，平均每生20～30册。

（5）体育卫生器材和器械配备。

学校体育工作所需的运动器材配备标准目前主要依据的是国家教委1989年印发的《中小学体育器材设施配备目录》，其中中学应配备必备器材56种，选备器材13种；小学必备器材58种，选备器材9种。卫生器械与设备标准所依据的是国家教委1990年印发的《中小学卫生室器械与设备配备目录》，该目录共规定了60种器械与设备，同时设有三档标准，以便根据学校条件酌情配备。

学校教学设备的管理

学校教学设备的管理，必须贯彻统一领导，分工负责，管用结合，物尽其用的原则。同时，学校教学设备的管理必须要建立健全管理制度，充分发挥设备的教育与经济效益。

学校教学设备的管理可分为固定资产管理、教学用材料和低值易耗品的管理。

（1）固定资产的管理。

学校的固定资产分为动产和不动产两类,管理上宜用分工负责制。校舍由学校总务部门管理；设备、仪器等按使用部门和存入地点，落实到处、室、个人管理。

固定资产分为四种类型：

①房屋和建筑物，包括学校的教学、生活、生产、办公用房及围墙等设施。

②专用设备，包括教学仪器、仪表、教具、模型、图书资料、电教设备、文体设备、医疗器械、交通运输工具等。

③一般设备，包括课桌椅、黑板、办公用具、水电、消防设备、炊事用具、被服装备及寄宿生和单身教工宿舍的公用家具等设备。

④其他各种固定资产。学校的固定资产，除校舍等建筑物外，对一般设备单价在 100 元以上，专用设备在 200 元以上，耐用时间均在一年以上；或虽不满上述金额，但耐用时间在一年以上的大批同类财产，均属于固定资产核算范围。学校要建立财产管理制度，设置"固定资产明细账"，将在用、在库的固定资产登记清册，做到账物相符，账账相符，账册记录齐全，以便定期核对，规范管理。

（2）教学用材料和低值易耗品的管理。

学校教学用材料分为两类：一类属于使用后便消耗或逐渐消耗不能复原的物质，如笔、墨、簿本等；另一类是不够固定资产标准的器具设备等，如烧杯、量具、插座等。一般来说，上述材料可按品种由财会人员统一核算，集中管理，设置"物资材料进出登记簿""库存材料明细账"，健全购物验收，使用列账的材料审核制度，并在实施中不断完善，真正使学校的教学设备发挥其教育功能。

学生宿舍的设备配置与管理

目前，随着我国办学模式的日益多元化，出现了越来越多的寄宿制中小学，这样一来，学生宿舍的设备配置与管理，对这些寄宿制学校来说显得非常重要。学生宿舍所要配备的基本生活设施包括：床、桌椅、书架、鞋柜、壁橱、脸盆架、衣帽钩、晾衣架等。近几年部分学校配置了壁挂吊床，其优点是增加了室内空间，改善了室内采光、通风效果，而且还最大限度地减少床与床之间的相互干扰。缺点是该床造价较高，拆装不易且不灵活。学生宿舍的桌椅配置可分为两种形式：一是在宿舍内设一张4～6人桌，为每个学生配一张方凳或折椅，仅供学生写作业、记日记之用，不具备自修条件；二是每个住宿生配一张书桌和椅子、一盏台灯，供学生宿舍内学习使用。书架配置一般采用连桌书架、床头书架、墙壁书橱三种形式，以方便学生的学习。学生宿舍内的壁橱、鞋柜、脸盆架、衣帽钩、晾衣架等基本生活设施的配置力求统一，使宿舍做到整洁卫生、秩序井然，使学生获得一个良好的休息环境。

学生宿舍的管理是学生获得良好而充分休息的必要条件，对此学校管理者也要给予高度重视。下例某校学生宿舍管理的经验值得借鉴。

某校是一所新型的寄宿制中学,为加强学生宿舍的生活设施管理，几年来，该学校探索出四级管理制度：第一级管理是学生宿舍管理科的统一管理。为每间学生宿舍建立卡片、账目。第二级管理是宿舍管理员的管理。整标学生宿舍楼的桌、椅、床、柜、架、门窗等都要由宿舍管理人员建账建卡，加强管理。第三级管理是学生宿舍的舍长管理，对本宿舍所配发的物品，包括玻璃、灯管、床、桌椅、橱等承担责任。第四级管理是学生本人的管理。宿舍内的床、桌椅、书架、壁橱等生活设施编号，落实责任到人。该校在管理实践中取得了较好的经济与教育效益。加强学生宿舍设施的管理，一方面保证了学生在学校得到一个良好的学习和生活环境，另一方面又保证了学校生活设施的安全使用，延长使用寿命，使其最大可能地发挥效用。同时，又培养了学生爱护公物，勤俭节约，以校为家的良好行为习惯。该学校的管理经验多次得到上级教育主管部门的表彰。

学校食堂的设备配置与管理

民以食为天，办好学校食堂，改善师生伙食，对于增进师生员工身体健康，稳定正常的教学秩序和学习情绪，有着重要的意义。为办好学校食堂，在校舍规划时，要把学校餐厅列入校舍整体规划，其建设风格、立体造型结构功能等因素都要有整体设计。食堂内部设施应配有锅炉、冰箱、电烤箱、绞肉机、轧面机、蒸饭箱、机动运货车等食品加工设备。教师和学生餐厅要保证每人都有座位。

学校食堂管理的主要措施包括三个方面：一是加强成本核算，努力减少成本支出。这就要求食堂采购员了解市场行情，合理组织进货，食堂要完善验收、保管、领用制度，严防食品腐烂变质。此外，在实行食堂承包制时，要对食堂经营的利润率进行限制，以减轻师生的经济负担。二是要加强营养管理，增加饭菜品种，保证师生的营养均衡，尽量满足师生的用餐需要。三是要加强卫生管理，保持食堂整洁。学校总务部门要严格执行《中华人民共和国食品卫生法》的规定，做到炊具干净、餐厅卫生保洁、炊事人员定期体检、食堂卫生监督员定期检查和监测食品卫生等。

学校后勤管理的社会化和专业化

随着我国社会主义市场经济体制的建立和日益完善，学校后勤管理的社会化、专门化已成为不可避免的趋势。在相当一部分的城市学校，后勤管理工作已逐渐走上社会化、专业化的轨道，这表现在学校的教学设备通过招标方式直接向市场购买、学校的食堂交给校外部门经营、学校的学生宿舍让校外物业公司参与管理等。即使在没有完全实现后勤管理社会化的学校中，部分服务机构如食堂等，也渐渐成为独立的或半独立的经济实体，实行校内独立经营、自负盈亏、自我约束、自我发展的机制。除此以外，像教师住房的商品化、教职员工公费医疗制度的改革、学生贷款制度的推行等，都可以说是学校后勤管理的不同表现形式。学校后勤管理社会化、专业化的出现，对于原先一向由国家统一调配学校设备、学校包办一切后勤工作的一做法，不能不说是一个重大的冲击，它同时也意味着长期沿袭下来的学校后勤管理制度有了新的发展和突破。与此同时，这一现象的出现也对我们的教育管理提出了新的挑战，促使我们以一种全新的视野去更深入地探索教育设施管理问题。

14. 中小学校园的环境管理

所谓"校园环境管理"，就是将环境保护的理念融入学校的教育教学及其他管理工作，将校园环境管理作为学校教育教学工作的重要组成部分，纳入学校整体发展规划，并且通过一定的行政、环境教育、技术和经济手段，建立起一套较为完善的学校一体化绿色管理制度，将提高管理效益、降低成本、减少学校的环境污染、改善工作流程及校园安全的理念体现在各项工作制度之中，使学校通过节约能源、节水、节电、资源回收措施等方面提高资源利用率，减少安全事故隐患，明显地减少浪费。

校园环境管理要达到的目的

环境效益：学校通过引入校园环境管理方法，有助于降低环境污染，合理使用资源和能源，改善师生工作与学习的环境，增强师生环境意识，提高师生员工的综合素质。

经济效益：学校通过节约能源、节水、节电、资源回收等技术管理措施提高资源利用率，明显地减少浪费，节约了学校经费开支，在取得环境效益的同时，达到一定的经济效益。

组织管理效益：学校通过引入校园环境管理方法，促进校内各部门之间沟通交流机制的建立，明确学校各级管理人员的责任分工，长期有效地改善学校的组织管理工作水平，提升学校社会形象。

健康安全效益：通过在学校实施校园环境管理方法，可有效改善学校的工作和学习环境，减少安全隐患，使师生员工在健康安全防护方面得到改善。

校园环境管理的必要措施

（1）制度保障。

建立切实可行的管理制度是学校校园环境管理的重要手段，制度的建立必须要有很强的针对性。可以采取一定的形式"走访"学校，发现学校在水、电、资源、环境、食物、安全等方面存在不足的地方，根据"走访"的结果，才能有的放矢地建立校园环境管理制度。制度的建立就是要控制和杜绝这些现象的发生。

（2）绿色行为教育保障。

加强教育，养成良好的爱护环境和绿色行为习惯是贯彻校园环境管理条例行之有效的措施。什么是绿色行为教育？简单地说，借助一定的教育环境资源，使人们懂得有关环保知识，增强环保意识，树立环境道德观念，形成正确的价值观和具有环境素养及行为的教育。其实质也是一种社会可持续发展的教育，是社会发展的新生物，最终目的是培养并形成有较高的综合环境素质的公民。我们所阐述的"绿色行为"专指减少噪声污染，保持安静，讲究卫生等文明行为，也就是素质教育的具体目标，使学生的环保意识和行为成为学校和风气的一个固有部分。因此，从这个意义上讲，加强环境教育，培养绿色行为，任重而道远。

（3）环保技能保障。

环境保护，不是每次号召师生节约用水用电就可以达到目的的。经过校园的走访调查，利用一定的方法技术，让环境数据可看、可测、可算、可控，使现有环境指标得以改善，这样才能真正起到环境保护的目的。

"有效益的校园环境管理"是德国技术合作公司（GTZ）开发，原来适用于中小企业的一套环境管理方法。2003 年由生态环境部宣教中心引入中国，经过专家验证并在学校实验成功，迄今为止，共有29 个省、直辖市、自治区的约 300 所学校参加了该项目的培训，成为校园环境管理的一套方法。在这套方法中，学校围绕"非产品产出"这个核心概念，分析自身的资源环境现状，制定并实施一系列适用于学校，简便易行的环境管理措施，建立一套持续改进机制，并将其融入学校的常规运行，从而实现经济、环境、组织管理和安全健康方面的综合效益。

15．中学校园环境的建设

马克思曾说过："人创造了环境，同样环境也创造了人。"由此可以看出，环境建设对于一个人成长的重要作用，古代"孟母三迁"的经典故事更是印证了这一论断。学校作为培养人才的主阵地，其整体面貌的建设状况直接影响着广大学生的成长，而且起着潜移默化的重要作用。

因此，各中学都将校园环境建设作为学校德育工作和实施素质教育的重要内容，更将它作为社会主义精神文明建设的重要组成部分，并致力于将校园建成布局合理、环境优美、文明向上，能充分体现学校教育教学特色的现代化育人场所。

校园环境建设的作用

校园环境建设在学生成长过程中起着不可替代的重要作用。

（1）整洁优美的校园环境对学生的心理健康产生积极作用。21世纪需要德才兼备的合格人才，"德"在人才诸要素中处于首位，它往往通过日常良好的行为习惯作为高尚品德的最基础、最外显的表现方式。因此，在学校日常工作中我们经常将培养学生的良好行为规范作为德育工作的主要抓手，而创造优美整洁、健康向上的校园环境对培养学生健康的心理起着潜移默化的重要作用。

日常生活中，人们喜欢光顾的场所便是公园、中央绿地等环境优美、卫生状况良好的场所。人们通过呼吸新鲜空气，观赏布局合理的鲜花绿地，使平时紧张的心情得到最大限度的放松，看着干净又美丽的自然环境，愉悦的心情自然产生。

事实上，处于身体、心理迅速发育的青少年更需要这样一种幽雅的环境，它有助于让学生躁动的心情平静下来，让他们感到我们的学校就像花园一样，我喜欢在这儿学习、生活，这种爱屋及乌的迁移心理能让学生从喜欢学校的校园环境，进而喜欢教师、同学。

在温馨和睦的氛围中，有教师循循善诱的辅导，有同学的热情相助，有丰富多彩的校园学习生活，学生自然会产生盼着上学，盼着和教师、同学相处，感到在学校里生活是最充实、最快乐的。这种愉悦的心理自然能大大促进学生的学习热情，让他们由"苦学"变为"乐学"，由"被动学习"转为"主动学习"，学生的学习成绩提高了，行为规范变好了，同学关系融洽了，受到教师、家人、社会的认可，学生自然会有一种成功感、自豪感。这种良好的心理驱动力会促使学生扬长避短，更充分地张扬自己的良好个性，进而促进他们更健康、更快乐地成长。

（2）现代化教育设施为学生主动获取科学知识创造了良好的条件。现代社会是一个高科技信息化的社会，学生获取知识的途径也开始越来越广泛。为了顺应时代的发展，更多地培养各方面高素质的优秀人才，满足社会对人才的需求，各中学校园环境建设中都加大了科技教育力度。

首先，各学校都想方设法为学生提供可能多的现代化教学设施，如教室都配置了功能齐全的多媒体教学设备，学生可以利用它建立班级网页，上网查找资料，发布信息，网上交流等，实行网络资源共享。这样学生不但扩大了知识面，而且校内及各学校之间也加强了联系和沟通，取长补短，共同进步。

另外，学校图书馆应为学生配备电子阅览室，并增大藏书量，让学生驰骋在广阔的知识海洋中，这能大大提高学生的求知欲望和探究兴趣，扩大知识面，拓宽学生的视野，从而促进他们更好地学习科学文化知识，更多地了解世界。

陶行知先生曾说过："要解放学生的头脑，让他们去想；要解放学生的眼睛，让他们去看；要解放学生的双手和双脚，让他们去实践；解放学生的时间和空间，让他们去发展。"这就是说，培养学生的动手能力对学生一生的成长有着重要作用，历史上的许多重大发现也都是在不断的动手实践中才得来的。

为此，学校应建立多方位、综合性强的实验室作为校园硬件建设的主要内容，不但做到实验设备现代化并不断更新，充分发挥学生的创造力，自制各种实验器材，而且在实验室墙面上悬挂名人的事迹。这种现代中又不乏人文的学习环境，促使学生不但自主获取了知识，更从名人的事迹中感悟到做人的道理。

针对中学生喜欢运动的特点，学校的运动场地和各种体育馆的建设要尽可能地完善，场地面积和运动器材要达标，让学生充分享受到运动的乐趣，从而达到"健康第一"的目的。

总之，一所学校教育设施的现代化程度，直接影响着学生的求知欲望和学习兴趣，因为学生通过运用各种现代教育设施，能从中体验到现代科技的魅力所在，从而激发他们的想象力和创造力，这对学生一生的成长起着重要作用。

（3）人文化的校园环境促进学生自主能力的培养。素质教育的基本特征之一是尊重学生的主体地位，培养学生的主体意识，发挥学生的主体作用。

要培养学生的自主能力，学校应积极组织各种符合学生年龄特征的主题活动，让学生主动参与设计、参与管理、参与优化校园环境，亲自为校园建设出谋划策，为学生创造一个有利于创新和主动发展的大空间，并努力使这些活动成为学生受教育的过程。

如发动全校学生开展"我为学校建设绘蓝图"的校园环境设计

比赛，学生绘出的一张张平面图、立体图虽然稚嫩，但对学校浓浓的爱意却荡漾笔端。这种亲身体验式的环境创造活动，一方面让学生体验到成功的愉悦，同时在自我创设的环境中学习生活，会更加珍惜劳动成果，这便是环境的教育功能。

如果人文化的校园环境布置需要学生的参与，那么要使这些优美的环境能保护好并不断充实完善，必须依靠学生的自主管理。例如，为使各校的绿化环境更让人赏心悦目，学校可紧紧抓住"3-12"植树节，发动全校学生开展"我为校园添点绿"的捐花护绿活动，并充分发挥学生的智慧,让他们自主设计校园绿化带的广告用语及养护制度，达到依靠学生力量养绿、护绿的目的。

另外，健康生动的校园文化活动可以陶冶学生的情操、培养学生高雅审美情趣，发展学生多方面兴趣爱好，提高学生文体和艺术修养，锻炼他们的组织能力、口头表达能力、动手能力和与人交往能力等多种才能。

因此，作为学校，应以校园文化建设为主题，认真组织各种学生喜闻乐见的活动，以活动为载体，寓教于乐，让学生主动发展，快乐成长。

主要内容及方法

校园环境建设包括物质环境和文化环境两部分。物质环境是指基本设施、卫生状况、绿化布局等；文化环境则是校园精神、校园文化、校风校纪等。

（1）根据中学现代化办学标准加强校园物质环境建设。现代文明建设需要物质和精神文明一起抓，而物质环境则是整个校园环境建设的基础。为了使全体学生有一个良好的学习工作环境，现代化的校舍建设是当务之急，重中之重。因此，在校园环境的建设中要力争做到布局合理、功能齐全，能充分反映现代化的教育要求。

校舍建设中的主体教育大楼结构要合理，功能区域需合理布局，学校大门的设计能充分体现各校的特色。校内道路要宽敞，建双道道路，中间可设计"中心广场""喷水池"，使学生进出分离，保证安全，也可休闲。

另外，在建设中还要注重体现校园建设的个性化、多样化：专用教室要面积大、功能齐全、便于演示和操作；学生基本活动场所则必须达到一定规模，并且配备各种学生感兴趣的、新颖的运动器材；绿化环境更趋规范化、合理化。植物造景绚丽多彩，绿树成荫，四季花卉季相分明，具有一定的绿化艺术水平。这样学校就像一座大花园，中学生在这样的环境中学习工作自然赏心悦目，精神愉悦。

总之，学校的硬件环境需要根据教育的发展要求不断调整，要吸引学生主动参与建设和管理，从而凝聚全体学生，让我们的学生从内心热爱自己学习的校园。

（2）根据时代要求和学生个性特征发展规律加强校园文化环境建设。文化环境也称校园环境的"软件"，是整个校园环境建设的重要组成部分，试想，硬件设施完备的学校如果没有健康向上、严谨规范的校风和学风，怎会激发学习的热情；沉闷无比、缺乏活力的校园生活又怎会让学生感受到学习的乐趣？因此，一所学校创立后，首先要抓好的校风，严谨的学风，向上的及丰富多彩的校园文化建设，具体可分为以下几个部分：

①让校园自然环境和人文环境的动态布置协调一致。学校总是处在一定的自然环境和人文环境之中。就学校的自然环境而言，从学

校的整体布局到校园的绿化美化，不仅应该具有审美价值，体现人与自然的和谐统一，而且也应该具有文化价值，体现出一个学校特有的文化底蕴。

如果把学校的一草一木、一砖一石都视作知识的载体，通过独具匠心的设计，把教育目的和科学文化知识融进校园的每一个角落，那么校园的自然环境就会成为"立体的画，无声的诗"，就具有了独特的教育功能。

学生进入这种赏心悦目的优美环境中，不仅会产生愉悦的审美体验，规范自己的言行，使之与这种优美文明的环境协调一致，而且能使学生"处处留心皆学问"，在这种具有知识含量的自然环境中，陶冶自己的情操，升华自己的人格。就人文环境而言，一所学校应该形成丰富的高水准的人文教育环境。

我们知道，人格的形成过程是人的社会化过程。而人的社会化过程是一种人文过程，人文过程必须在一定的人文教育和人文环境中才能取得良好的效果。"学校无闲处，处处有教育"，让校园生活洒满七色阳光，让每一堵墙壁都在"说话"。

环境是一种教育力量，创造良好的生活和学习环境，使每一个学生都有一个毕生难忘的学生时代。因此，学校环境布置时要注意人文气息，如校园中可以建一些名人的雕塑，橱窗、走廊可张贴一些名人名画、古人的警句名句，甚至用更多的空间来展示学生的作品。学校要经常举办学校的传统项目如艺术节、校庆活动、运动会等，要多创办学生的各种社团、俱乐部，充分发挥广播台、自办报纸的宣传功能，让学生感到学校生活丰富多彩且其乐无穷。

另外，室内环境的布置也是学校整体环境布置的重要组成部分。

教室正前方悬挂国旗，两旁是班训等班级文化建设，能有助于形成良好的班风和学风。班内还可设置生物角、荣誉角、张贴学生设计的班徽、唱响学生自创的班歌等，让班级的个性文化环境布置充满浓郁的健康教育氛围，学生在这样的环境中自然而然地耳濡目染。

②让校风学风在塑造学生人格品德过程中不断产生积极的影响。校风是一所学校的精神面貌，是学校师生共同的价值观念、思维方式、行为特点和传统习惯等的综合体现，反映了学校对全体师生的共同要求。同时，对全体师生具有普遍的约束力和强大的感染力、凝聚力，对塑造学生的人格具有无言的威慑力。

因此，一所学校应以校园环境建设为抓手，形成具有本校特色的校风，并把校风作为学校精神的象征，作为教育学生的最基础的教材，让学生明白校风的含义和具体要求，并熟记于心；让师生在每天进出学校的第一眼，都能见到醒目的校风标牌，以便时刻提醒自己用校风规范自己的言行。这种持久的、经常反复的潜移默化式的环境熏陶，会使学生逐步内化为自觉自主的行为，养成良好的人格品德，使其终身受益。

根据学校的办学理念和目标，制定相应的校纪校规，培养学生良好的行为规范，从而形成富有本校特点的良好校风学风。

③建立和谐融洽的人际关系环境。和谐融洽的师生关系，反映了一所学校的精神风貌，也是校园文化的重要内容。在师生关系中，教师处于主导地位，教师的人格对学生人格的形成具有示范作用。

教师要真正成为真的种子、善的使者、美的旗帜，诱发学生丰富的心灵世界，就必须从道德品质、思想境界、教育观念、工作态度、待人接物、言行仪表等方面，使自己的一言一行、一举一动，符合教师的职业道德要求，给学生起示范作用，从而真正用自己高尚的人格对学生人格的形成起直接的、奠基性的作用，促使学生形成高尚、健全的人格。

总之，校园环境建设应注重人文环境的建设，尤其是校园文化建设。因为校园文化不仅体现在优美的自然环境文化、高尚的人文教育文化、良好的校风校纪文化、融洽的师生关系文化上，而且体现在学校生活的各个方面。

因此，要形成学生健全完善的人格，培养德、智、体全面发展的接班人，就必须健全和优化学校的校园文化建设，并且尽可能地为学生搭建舞台，让他们有更多的机会展示自我，从而加强学生间的交流和合作，不断地在校园中形成一种融洽的、互帮互助的生生关系。广大学生在这样优美健康、积极进取的校园文化环境和融洽和谐的师生、生生关系中，人格自然能很快形成。

应注意的几个关系

校园环境建设是一项长期的需不断完善的重要工程，其间更需投入大量的人力、物力和财力，因而在整个建设过程中必须有计划、有步骤，要统筹兼顾，发挥其最大的教育价值。具体需处理好以下几种关系：

（1）社会的教育要求与学生年龄特点、个性发展规律的关系。21 世纪的教育目标是要将学生培养成为敢竞争、重实力、乐合作、有个性的现代化人才。现在中学生绝大多数是独生子女，大部分协作性较弱，易浮躁，耐挫力又较差，这些特点在很大程度上阻碍着他们的健康成长。

在现代这个需要充分张扬个性和懂得协作的年代，我们的校园文化教育要紧跟时代步伐，努力读懂所教育的学生，了解他们在想些什么，追求些什么，喜欢些什么，又存在着哪些缺点，然后在总体规划校园环境时就能根据学生特点总体布局。学校的教育教学设备应尽可能地现代化，让学生接触到最新的技术；让学生充分发展各自的才华；让学生开拓更多的发展空间。

总之，校园环境建设应本着以学生主动发展为本，注重学生的特点及发展规律，想方设法，为学生多创设有利于他们成长的空间，让他们都能健康成长，成为未来的新型人才。

（2）时代性与学校传统文化之间的关系。社会在不断发展进步，学生的追求也在逐步提高层次，他们希望自己学习的校园是现代化的学校。因此，现在每年政府都投入大量的资金，用于学校硬件设施的改善，特别是网络工程的创建。学校应充分利用现代信息教育，让学校在校园硬件建设的现代化过程中不断赋予新的时代内容。

注意不能为之追求所谓的时尚新潮，而将学校原有、传统的优秀校园文化都摒弃，或是守着那些曾经辉煌、令人骄傲的荣誉而不思进取，如果不随着时代的发展而不断赋予其新的内容，这样的学校就没有发展的根基，更没有发展的活力，必然会在激烈的竞争中被时代所淘汰。

因此，学校建设必须注意建设好如校史陈列室，不断提升学校传统校园文化活动质量，如科技节、美食节、艺术周、体育周等，尽可能地巩固和发展好学校的一些优良传统，并随着社会的发展而不断发展，要让社会都知晓学校的办学特色，这样不断发展的学校才会永葆其生命活力。

（3）发展性与因地制宜、艰苦奋斗的关系。"发展是硬道理"，学校必须发展，而且还要有特色地发展，这样才有生命力。但是，学校不能举着发展创新的招牌，花很多钱去追求一时的"名牌效应"，而忘了教育的天职。

因此，尽管在"科教兴国"战略思想的指引下，政府对教育的投资不断增大，但作为学校仍应努力发扬艰苦奋斗的优良传统，因地制宜，调动全校师生的积极性，寻求社会的多方支持。具体来说，就是硬件建设要力求以最小的投资产出最大的效益，软件建设则尽可能利用现有资源"变废为宝"，保持传统，充分发动全校学生，发挥集体的智慧和创造力，让学生自己动手，布置出具有本校本班特色的人文环境。

21 世纪已经到来，飞速发展的信息技术和初见端倪的知识经济对人才的培养提出了更高更新的要求。学校除了要将培养人才作为己任，更应努力为未来人才创设一个和谐宽松、健康向上的现代化校园环境，相信在社会各方及教育者的共同努力下，校园环境一定会建设得更美、更亮，更受学生及家长的欢迎。

16. 大学校园环境的建设

大学校园环境文化建设的重要性

大学校园是一群朝气蓬勃、思想活跃的年轻人学习、生活的场所，这些年轻人将在这个空间里度过他们的身体和思想成长中最为关键的时期，可能四年或者更长的时间。这个园区内的每一幢建筑、每一个雕塑、每一个花坛、每一棵树木都可能让他们驻足，让他们在以后很长的时间里仍记忆犹新。例如，北大学生一谈起自己美丽的校园，首先就会想起"一塔湖图"，未名湖岸边的博雅塔的身影映在湖中，每个到北京大学的人都向往看到湖光塔影的图画。

环境艺术的核心应是生活艺术，美化环境，最大限度上是美化生活。大学校园环境是师生的露天"起居室"，从课间休息、室外阅读，到聚会交往、散步休息等都与之息息相关。

时代的发展，大学生的身心发展更加活跃，比以往的大学生更渴望人际交流，更需要广阔的自然空间，而这些空间很大一部分是在建筑空间以外，校园内的林荫路、池塘边往往是学生停留的地方，或交谈，或散步，或静静地读书。

课堂上的学习只是学生接受教育的一个方面，校园环境对培养大学生的修养、情操、品德更是不可缺少的要素，校园环境就是学生的第二课堂。因此，在现代校园建设中应该重视大学校园环境文化艺术建设，以达到环境育人的目的。

大学校园环境建设的方法

（1）景观型园林建设。校园景观绿化环境由广场、景点、绿化、水系等组成，是一个由点、线、面相贯穿结合的有机整体。

以静水平台、亲水平台、荷花池等大型景观为点，呈现变化，有开放式，也有围合型，或升或降、或动或静，不同的主题满足师生不同的学习、休闲空间需求，结合建筑形式和周围环境融为一体；以道路为线，种植大型行道树，意在形成宁静的校园氛围；以开阔的水面和成块的大型绿地为面，形成面域景观。

按照建设生态环境的目标，实施"春有花、夏有荫、秋有果、冬有绿"的"四季飘香"工程。在绿化处理上，注重地形层次，植物造景多样，常绿与落叶植物的比例搭配均衡，色彩季相变化有序，有专业深度。在绿色植物的配置上，以生态园林学为指导，以乔木为主,将乔、灌、草、藤、竹相结合。引进银杏、雪松、木荷、榉树、乌桕、广玉兰、白玉兰、桂树等常规树种，同时适量种植一些热带植物如华盛顿棕榈、银海藻等。长绿、落叶乔木交错，随季节色彩斑斓。灌草滕竹点缀，高低错落，富有层次。

节点景观设计多以写意为主。入口广场的水幕墙，以山地竹为背景，青竹黛砖，透着浓浓的文化气息；中心广场的时钟造型，寓意深远。

校园环境建设有很多的表现手法，下面简单列举一些常用的方法，这些方法组合在一起更能创造出完美的空间环境。

（2）环境建设的方法。

①雕塑无论在教育上、人文上还是知识上，都可以作为一个标志性的景观，从中引出的寓意应该是积极的、向上的。例如，图书馆前的茅以升塑像,茅以升衣着简朴,淡泊宁静的神态,稳重中不失慈祥,深刻中不失质朴,衬托出当年中国知识分子的正直不阿、宽厚善良的人格力量。让许多的学生与茅以升有心灵上的交流。塑像基座上的格言更展示了茅以升的奋斗历程："人生一征途耳，其长百年，我已走过十之七八。回首前尘，历历在目，崎岖多于平坦，忽深谷、忽洪涛，幸赖桥梁以渡，桥何名欤？曰奋斗。"

②水景自然状态湖泊和小的人工池塘，无论大小，其中的水体都能给予环境以生气，相对于体型巨大的建筑，它可以软化环境，增添亲切感。无论动态或静态，水都能赋予空间灵气。池塘水表现为静，水体反射四周建筑，展现空间融合于自然的特点。喷泉水体表现为动，或面形、或线形、或点形。一动一静的结合，对比勾勒出丰富多彩的学习、休憩空间氛围。

③绿色植物大面积草地、富有造型的灌木、成排的树木围合成一个又一个生态空间，绿色植物被人们称为"有生命的建筑材料"，绿色可以使长时间从事脑力和视力活动疲劳的人脑和眼睛得以恢复，并且达到改善校园小环境、小气候的作用。随着冷季型植物的引入，现在北方大学校园也正在逐步形成四季长绿、三季有花的校园环境，为学习、教学、科研和生活在这里的师生员工营造了更为恬静、怡心、自然的环境。

④适当的校园广场建设，可以丰富校园内的院落感，现代小的教学组团型的教学模式多有一个围合的空间，这个空间很适合建设一个小型的广场，供学生举办小型活动使用。例如，地处历史悠久的工业城市，为了体现工业的特征，学院建设的工业文化园，其中有时代最早的蒸汽机火车头，在园内错落布置的巨石上雕刻工业历史，如中国第一袋水泥、第一条标准化铁轨、第一台蒸汽机车头、第一座煤矿竖井等。整个文化园成了学生温习现代工业历史片段的基地。

新老大学校园环境建设

（1）老大学校园在改造中进行环境文化建设。以往的大学校园建设很多只是着重教学、科研、办公、生活、体育等各个职能建筑的设计，对于校园环境，仅规划好校园道路和路两侧种植些简单的树木。

对于校园小环境的建设没有提升到像重视建筑设计一样高的层次。这就形成一个现状，很多建于20世纪90年代以前的大学校园环境是围绕校园主要建筑简单的路网，简单的树木绿化，点缀其间的是一些纪念性的雕塑，很少看到绿地和成片的景观区域。

老校园环境的重新整合改造，会使老校园焕发新的生命力。老大学校园环境现正在逐步进行改造，以适应新时代的大学教学、生活需求，这种改造往往需要不懈努力和精心雕琢，充分利用各种空间进行文化环境建设。例如，可以将陈旧的、淘汰的建筑拆除，建设校园景观；还可以进行小区域景观建设：在保留年久的树木的情况下，增加小范围绿地，减少裸露土地，在一些建筑上增加藤类植物或浮雕，从平面上和空间上增加绿色景观和文化景观。

（2）新校园在规划中考虑环境文化建设。现在新规划建设的大学校园，都将校园环境文化建设作为一个设计条件加以重视，并且突出了生态景观、人文景观设计。

新大学校园规划职能分区更加科学合理，在各分区之间又有各种文化景观分布其间。新的大学校园规划，很多都吸纳了生态设计、人文设计。在校园环境充分进行文化景观设计，使新的校园有更为宽畅的室外自然空间，给师生以舒适、健康、自然、艺术的享受。

新校园建设突出地表达了一个新的大学规划理念：大学园林。这个新概念已经引起了很多校园规划专家的兴趣。大学园林的布局将园林概念融入规划设计，以"园"为特征，形成现代化、园林化、生态化、网络化的校园环境。

在校园中形成大大小小的、有主有次的园林组团，使园林包围建筑，建筑建在园中，按地貌自然分布，形成人、建筑、自然的和谐氛围。

建设文化特色型校园

大学以服务社会为导向，与社会、企业建立产学研结合的战略伙伴关系，构筑开放式教育机制。为此，在学校文化环境建设规划中，突出产学研结合的科技文化特色，营造美观大方、品位高雅、内涵丰富、特色鲜明的校园环境文化，校训牌、纪念碑、雕塑等校园文化标志物，与学校建筑文化、景观文化、工艺文化有机融合，形成本校特色的校园文化氛围，体现校园特色文化，体现环境育人的功能。

（1）校区科技文化特色的显现。校区科技文化特色，主要体现在开放式产学研结合方面。在校区的主干道和教学实训区内，建立企业科技形象展示区，设置国际著名企业的企业文化、产品广告、技术特点、用人理念等形象展示的灯箱牌、宣传栏、雕塑群、形态碑等，形成灯箱街、信息传递亮点群、形态显示区，以彰显产学研结合的校园文化特色。

（2）建设文艺体育活动基地。大学要建有教师和学生活动中心和运动设施完善、分布合理的体育活动场所。在教学区和生活区之间建设大型体育场（含数量充分的足球、篮球、排球、网球、乒乓球场和游泳池）；建设一个大型室内体育馆。教工俱乐部和学生活动中心设在体育馆内，教工俱乐部设有棋牌室、健身房、多功能活动室等；学生活动中心作为文化、艺术、科技、体育等各类学生社团的基地，定期举行丰富并且有特色的活动。

建设数字信息化校园

大学校园要完成信息点的网络综合布线，做到校区内任何地方、任何时间、任何人都能通过网络终端联入校园网和接入因特网，查阅、收发和调用所需信息，充分展现数字信息化校园的优势。

为学生提供终身 E-mail 信箱服务，增强学生对学校的归属感。实施校园"一卡通"工程，用于校区内一切需要结算和身份识别的地方，并提供银行资金的自动划转。各类应用系统（包括卫星及闭路电视系统、视频会议系统、广播系统、电子公告牌、校园一卡通、安保和消防等系统)可在计算机网络基础上实现互联互通。

建设舒适的校园

(1)学习、工作、生活环境舒适。各院系设置教师办公室,办公室配置设备功能良好的联网电脑、办公桌椅、书架、电扇或空调等。教学楼设置教师休息室,配置沙发、饮水机、衣帽架、整容镜、桌椅及吊扇或空调等设备,做到环境优雅,整洁舒适。

(2)卫生基本设施齐备。学校在后勤楼内设置专门场地,建设有一定规模的卫生所。在生活区建设多个卫生条件齐备、就餐环境良好的食堂。规定固定的商业场所。校区内垃圾箱、果皮箱室内外配置齐全;垃圾收集与中转布点合理,设施良好;排水暗沟、窨井、化粪池、沉淀池设施配套。

优美的校园环境是先进的校园文化的外在标志,从校区建筑和文化环境两个方面提出学校环境建设方案,以适应学校新一轮发展的需求,力求使蕴含人文、艺术、科学精神的校园建筑和美观大方、品位高雅、内涵丰富的的文化环境,发挥出环境育人的作用,体现出学校精神、学校特色。

校园环境文化建设需要注意的环节

(1)校园环境文化建设要因地制宜,进行校园环境文化艺术建设,不能盲目追求效果,将不适宜校园的作品搬入校园。

在一些校园环境建设中,尽量避免照搬景观,将一些已有的景观或放大,或缩小,或原状搬入校园,会使人产生抄袭之嫌,从而淡化了它的美感。

文化景观重在创新,新颖、自然、符合地域环境才具有活力。在北方大学校园建设南方大学校园的景观是违背地域特点的,所产生的感染效果也不能达到建设目标。

（2）要考虑大学生的心理需求，现代大学生对文化景观环境要求具有知识性、和谐性、对比性等一般审美范畴外，还要求有新奇性、丰富性和多样性。他们追求开阔视野、思想深化的东西。不能简单地随便做个塑像就算环境建设，要使塑像与大学校园的氛围相适应，大小比例体现美感，并与周围环境相适应。

（3）要因财而建，量力而行，在校园环境建设时，不盲目耗巨资。校园环境建设要根据学校的财力、物力来建设，不能因为追求美观而挤占教学、科研上的资金。有些大学为了追求新、大、特等要求，在校园内建设占地面积较大的广场和湖面，虽然环境景观壮丽，给人以冲击力，但壮丽的背后往往造成了投资较大、维护成本过高的后果。

大学校园环境设计是当前大学校园规划建设的一个新课题，要在不断探索中进行建设，而校园环境文化建设的根本目的是为学生创造一个更加宜人的学习生活环境，使他们在这里学习得更加舒适、愉快，从而达到环境育人的目的。

17. 大学校园环境建设存在的问题

校园是育人之所，宜人高雅的校园景观能传达出学校的精神风貌、审美情趣、文化内涵等，并感染人为之而积极奋斗，如此对校园环境的景观进行规划设计就具有特别重要的意义。

然而，现今大学已经由精英教育转向大众化教育，从而出现了众多高校开始扩建，但由于时间短、资金缺、学生多、基础配套不完善、校园文化设施薄弱及校园文化的迁移无法像校园园区那样，可以快速地物理移动等实际困难，要实现校园环境的和谐构建、文化的传承与创新及学生的成长成才，从校园文化与园区规划的层面来思考，大学新校园景观设计变得尤为重要和迫切。

大学校园景观是对学校历史、文化和时代特征的展现，是整个校园环境的精髓所在。

校园建设中的问题

（1）绿化面积小。校园绿化是形成校园环境的基础。在校园绿化、景观设计中，要创造一种环境，让师生在此远离社会喧嚣，用平静的心情来学习和生活体验，个人活动空间少，绿色空间更少，人与自然接触少，人与森林植物接触少，在拥挤的水泥建筑的窄小空间，远离自然容易产生浮躁的情绪，缺乏独处思考的场所，非常不利于学生的心理成长。在绿化设计中利用具有生态保健功能的植物、树木、灌木，形成立体的绿化景观，既可以为校园形成绿树成荫的环境，也能为学生创造出适合读书的氛围。

在校园绿化中，注重生态环境与艺术相结合、体现人与自然的和谐发展、创造出"虽由人作，宛自天开"的意境。只有具备了良好的绿化条件，才可能创造一个合格的校园文化。但是，现有绿化面积利用不科学等问题的存在，凸显了校园规划的不足。

（2）道路设计不合理。道路与交通组织的观念相对滞后。道路交通的不足，一定程度上影响了校园内部的环境质量。传统的大学校园中车行交通流量规划中，通常以整齐的道路网和条块状的建筑分割校园空间。有的校园道路设计不合理，人车混行，主要道路直接穿过功能区。行人仍不时出入车行大门，不但影响车辆通行，还潜藏着不安全因素。行人通过数量多，课间时几乎覆盖了整个道路。不但阻碍车辆通行，行人也不安全。

（3）分区不科学。分区的目的是为师生提供环境优美、更具人性化的校园，使得师生可以更好地学习和生活。因此，在建设中，应强调"以人为本""生态校园"两个主要元素。我们要"以人为本"建设"生态校园"，即所有的规划建设以教师学生为出发点，并建成一个生态环境良好、适宜学习生活的具有自身特色的代表型校园。

在分区中，我们要合理配置资源，有效利用资源。形成动静分设，互不干扰的区间，同时加强不同区间的相互联系。在扩建校园建筑的同时，注意校园文化的培养，要突出"以人为本"设计思想。在大学内部，以师生的日常学习生活的行为规律为出发点，科学合理地确定学校的功能分区和结构形式；体现学校文化特色，坚持生态建设，增加单位面积上的绿化量。

（4）整体设计思想薄弱。校园建设在分阶段进行后，缺乏整体设计思想，特别是校园中缺乏文化景观，虽然现代化建筑优于老校园，但缺乏历史文化底蕴和温馨的生态环境。

校园建设的几点改进建议

（1）增强校园的整体规划。大学校园景观包括建筑物及其外部环境，以及由人构成的景观。建筑景观指校舍建筑，而建筑物外部环境则具体指建筑以外存在于校园空间中的一切物质，包括校园内的自然环境与条件，也包括了植栽、草坪、道路、广场、建筑小品等设施。

师生长时间、全方位地处于校园环境文化的笼罩之中，清晨锻炼、校园漫步、教室听课、图书馆阅览等，无论何时、何地、何种角度，都无法摆脱整个校园的立体的、流动的景观的包围。

应该进行校园整体规划，重新进行校园功能分区，增加绿化面积，建设文化小品，园林景观，使学校景观更加丰富和人性化。在建设校园时，要遵循几个主要的设计理念：

①突出人性化，即一切以为师生学习、生活、工作提供便利；

②要建设绿色校园，绿化要占学校的主要部分，同时注意节约土地、节约能源，如建筑以自然采光与通风为主；

③要实事求是，在有限的地域内，要规划一个有特色、人性化、生态化的"麻雀虽小，五脏俱全"的校园。

（2）增加标志性建筑。标志性建筑的基本特征，就是人们可以用最简单的形态和最少的笔画来唤起对于它的记忆。标志性建筑是一个地域的名片，有时也体现了一种地域精神。

每个学校都应该有自己的标志性建筑物，作为学生对其记忆的引导线。校园中的标志可以是校标、雕塑、门楼、建筑小品或特色空间及建构筑物（群）。标志可以反映这所大学的历史，使校园环境增加深层含义，因而标志几乎统领整个校园的气氛与基调。

应在校内征集，同时请专业人员设计学校的标志性建筑，作为独特性标志。还可以在一些小细节上体现，如校内的每个建筑的房檐或者墙壁上都刻有或者装饰性标志。这样既能使大家时刻看到、想到学校的校标警语，同时也成为学校的标志物。

（3）移植树木，增加设施。在现有设施的基础上，应移植一些大的能够起到遮荫作用的树木，在树木下设置长椅，作为师生休息、学习的地方，这也是校园景观建设的重点。

同时，应在增加一些垃圾桶等日常设施；在校园的休憩区，还应建设若干凉亭，既能作为别致的景观，又可为师生提供便利的学习和休闲场所。

在校园内，覆盖全校区的无线网络，为师生户外的学习提供条件；建设公共交流、娱乐场所，作为师生之间、学员之间的公共聚会、交流场所等。

此外，还要注意一些标志牌的设计，以便于师生寻找地点的同时，还可为校外出入的人员提供人性化的便利。校园路灯的使用，要注意环保、绿色概念，利用节能灯、太阳能灯。

（4）改进建筑设计色彩。在建筑的设计上，生活区的建筑色彩要柔和，利用各种色系为主题，为各宿舍楼命名，或者在各栋宿舍楼周边种植不同的植物，来为各建筑宿舍楼命名，在各个建筑之间设置走廊，既可提供较多的便利，而且观赏性也更强。

学习科研教学区的建筑体现时代、人文、人性等特点，以便利、功能齐全为主要考虑因素，首要的是为师生提供充足的学习地点，如自习室的数量等，同时在各楼层还可设置休闲区，作为学生课间放松的地方。

在行政办公区的建筑设计上，要体现庄严、肃穆的感觉；在师生休闲区的建筑应是那种俏皮、活泼、具有流线性的建筑，让人赏心悦目的同时，还能够放松心情；活动休闲区的建筑要提供各种休闲娱乐设施，建筑的设计要体现多功能、人性化等特点，为师生提供一个娱乐、交流的良好场所。

（5）校园的绿化。绿化是校园环境建设的重点，应分别根据不同区间进行建设。

①门前区是首先冲击眼球的景观，在绿化上应作为重点，应设

重要景点作为门前区的主景，避免一览无余。例如，可以在学校各大门口种植高大的雪松，大门内设小型广场，铺设草坪点缀花坛，设置雕像、喷泉等。

②生活区的绿化树种应以常绿乔木和灌木为主，藤本、绿篱次之，在生活区，沿宿舍四周可砌筑花墙，种植一些低矮的花灌木，如紫荆、海棠、紫薇、紫叶李、红叶李、迎春等，既不影响一楼的室内透光，又有美化效果。在楼墙适当的位置可种植一些攀缘植物，如爬山虎、月季、迎春等，既可以增加绿化面积，丰富空间立体景观，也可以起到防晒降温的作用。

③教学科研区是师生工作学习的地方，植物配置应形成幽静、美丽的环境，且不影响室内的通风采光。总体来说，绿地宜采用园林手法，树木可采用对植、列植或在建筑物两侧栽植绿篱，也可少量的采用孤植，用树形比较优美且能烘托一种幽静气氛的树。

还可在建筑物前铺设大面积草坪、点缀美观的花灌木或栽植地被植物。但是，教室的南向一定距离内，不能种植高大乔木，尤其是常绿乔木，以免影响夏天通风及冬天采光。

④学校运动区尘土较大，因此在配置植物时要选择一些吸附尘土、净化空气能力都很强的树种。例如，夹竹桃、泡桐、榆树，这些树种有的对粉尘烟雾有较强的吸附能力，有的对空气中的尘埃有过滤作用，并对大气中的二氧化硫等有毒气体也有一定的抗性。

此外，学校内特别是运动场周围不要种植一些落叶、落果和花絮较多的树种，这会加大运动场的环境卫生清洁工作。

⑤行政区作为学校内外交流的窗口，其绿化也是不容忽视的。因此，我们应选择适当的树种和培植方式来体现一种宁静、庄严、肃穆

的风格。最好是以一些树形优美、内涵丰富的乔木为主，如雪松、白皮松、白玉兰、棕榈等。在有草坪的地方可适当地采用孤植，更符合行政区的景观设计要求。

⑥游憩区绿地宜采用自然式的布局，趋于自然生境，乔木、灌木、草本要自然分层，树木的郁闭度也应稍高，可以设置水面、花架、亭廊、坐凳等。设置水面、花架、亭廊、坐凳时，各园林小品之间宜用树木与花草结合在一起。水池中可种水生植物，岸边可种植扶芳藤、蔷薇等藤本植物，使水面自然入画。

绿地内的花架旁，应种植紫藤、葡萄、凌霄等攀援植物，形成绿茵花廊。亭榭四周可布置白皮松等常绿树，或配置腊梅、紫薇、丁香等。适当种植合欢、三角槭、栾树等，用以遮荫和创造一种幽静的环境，也可用大叶黄杨、小叶女贞等常绿灌木，围成半封闭的空间，宜于学生学习、乘凉。

此外，绿地内应广植花灌木，花开不断。游憩区与校园大道、运动场地相邻部分可用桧柏、大叶女贞等构成高篱，起到防尘、防噪的隔离作用。

⑦校园道路通常分为主干道、支路和绿地小径。主干道绿化应以遮荫为主，支路、小径以美化为主。主干道行道树可选用水杉、银杏、白蜡、合欢、栾树、白玉兰等落叶乔木，短距离的重要路段也可选用雪松、白皮松、华山松、广玉兰、枇杷、棕榈、香樟等常绿乔木。

道路外侧应留有带状绿地，配置草坪、酢浆草等地被植物或花灌木，以打破干道的规则平直。支路及小径的路旁绿化应活泼而富有变化，根据路段不同可分段种植不同品种，组成不同景区。一般选用常绿树或花灌木，也可用常绿树与花灌木间植，如桧柏与红李、龙柏与蔷薇等。

校园规划是校园文化的体现，在校园规划要充分发掘学校的历史和文化内涵，营造独具特色的校园。在这个充满城市喧嚣的环境下，静宜而富有生态特征的绿色环境为众所渴求。优秀的校园规划，应营造出可缓解师生心理疲劳、释放工作和学习压力的氛围。同时，可为校内师生提供娱乐、交流、休闲的场所，达到缓解压力、舒缓心理的作用，具有人文韵味的景观还寓教于乐，这是校园的一种文化潜力，是建立和谐校园的外部环境氛围。

第二章

学校环境文化的管理

1. 校园绿化管理制度

为保证学校有良好的学习、生活和工作环境，陶冶师生的高尚情操，培养师生良好的身心素质，特制定本制度。

校园环境建设

校园环境建设要做到绿化、净化、美化。

（1）绿化。校园要四季常绿，花草果木栽种要因地制宜；景点花园布局适宜；绿化面积达到市区规定标准，有条件的学校校园内应培育绿色草皮；树木剪修整齐。

（2）净化。校园环境要整齐、清洁、安静。无高音喇叭；汽车在校园内行驶不鸣喇叭；房舍完好、无危房，有损坏要及时修理；路灯设置适度，保持完好；道路、场地平整，下水道保持畅通，晴天无尘土飞扬，雨后无积水；池塘水质无污染；公共场地及道路上无痰迹、纸屑；无卫生死角，杂草及时铲除，无蚊蝇滋生地；垃圾定点堆放，及时清运，露天垃圾场要铺水泥地面。

（3）美化。

校园设施管理

校园的建筑设施要尽可能因地制宜，布局合理。房舍、道路、绿化的设计构思、布局安排要朴实美观。

（1）教学区和生活区原则上应予以分开，以保证教学区清静有序。

（2）校园建设要有总体规划和实施计划。

（3）学校有负责校园环境建设和管理的职能部门，有专人负责，并配有一定数量的维修人员、卫生清洁人员和绿化工作人员。

（4）成立以校长为首的包括分管后勤的副校长、总务主任、生化教师、花木工在内的校园绿化美化工作领导小组，由总务处具体实施校园绿化美化工作。

（5）校园环境建设和管理应被列入学校工作计划。师生员工应养成良好的卫生习惯。保持环境的整洁，爱护学校的一草一木，不在校园内边走边吃瓜果食物，不随手乱丢纸屑等杂物，不随意攀折树枝或采摘花、果。树立以维护校园环境为荣，以损坏校园环境为耻的优良风气。

（6）制订规划时应集思广益、博采众长、科学论证、精心设计，力求做到实用性与艺术性、经济效益与社会效益的完美结合、和谐统一。

（7）根据学校整体格局，认真制订学校校园绿化美化的长远规划。绿化美化校园建设的蓝图，应包括树木花草配置，花坛、雕塑、亭、台、回廊等建筑小品的设置和安排，以及人力、物力、财力的配置等。

（8）根据规划，按不同绿化区域的条件、类型、作用及植物不同的生长习性，因地制宜、因时制宜地种植各种花卉、树木及草类，做好校园花木的有机配植工作。

花草、树木、苗圃管理

（1）落叶树与常青树相结合，以常青树为主。

（2）乔木与灌木相结合，以乔木为主。

（3）观赏树与经济树相结合，以观赏树为主。

（4）木本与草本相结合，以木本为主。

（5）点、线、面相结合，以点、线搭配植物为主。

（6）建立苗圃、花房等形式的绿化美化基地。利用这些基地，在满足学校园林绿化各种规格、品种、数量（包括各种花卉、盆景、树木）需要的基础上，积极开展绿化科研教学活动，培植新的品种，尽可能地提高其经济效益，做到"以绿化养绿化"，从而增强绿化自我发展的能力。

（7）广植树、盆花。利用树、盆花易搬动的特点，做好学校接待室、办公室、会议室、教室等室内的绿化美化工作。

（8）做好校园花木的维护保养，做到"四要"：春要栽、夏要剪、秋要管、冬要保，还要做到适时施肥、浇水、修剪等，防治病虫害，从而达到绿化美化校园的目的。

（9）对故意毁损树木花草的，不论是教职员工，还是学生，均要给予处罚并责其赔偿，如图方便跨越护栏造成花木损失的也要给予相应的处罚。

（10）花木工要不断提高花木培植技术和管理水平，认真履行职责，做好科学管理。

2. 校园环境管理办法

为维护绿化成果，更好地美化校园，为师生提供良好的学习、工作和生活环境，特制定校园环境管理制度。

管理机构

（1）建立学校环境教育领导机构，负责校园绿化规则的制订、执行，负责日常具体事务的处理。

（2）负责绿化工作的宣传，组织师生员工积极参加义务植树和责任区的维护。

（3）为了使学生养成爱劳动和自觉爱护校园绿化的良好习惯，学校划分一定的绿化责任区，由各年级学生进行简单劳动，绿化专业人员负责技术指导。

维护校园绿化的若干规定

（1）不准随便砍伐、挖掘、搬移树木。

（2）不准在树上钉钉子、拉铅丝、拉绳或直接在树上晒衣服。不准将自行车等物依靠在树干上。

（3）不准在绿地上堆放物品、停放自行车和进行体育活动，更不准践踏草坪。

（4）不准采摘花朵、果实、剪折枝叶。

（5）不准向草坪、花坛和水池等绿化场地抛扔果皮、纸屑，吐痰，泼倒污水。

（6）不准在草坪上、廊亭内、园林桌凳上吃饭、饮酒。

（7）不准进入花坛及养护期间的封闭绿地。

（8）不准污损园中绿化小品及建筑设施。

损坏校园绿化的处罚办法

（1）损坏树木、花草，以市价赔偿。

（2）损坏园林小品设施者，按修理价赔偿。

（3）不准将学校花卉、盆景、苗木携带出门，门卫有权扣押。

（4）偷捕水池观赏鱼，按原价。

（5）凡违反上述规定不听劝阻者，或已造成损坏、损失而又不接受处罚者，情节严重的除执行处罚，外还要建议所在单位给予行政处分。

爱护绿化人人有责

望全校师生员工自觉遵守本办法的规定，并积极与一切损坏绿化的行为做斗争。对积极维护本办法，积极保护绿化者，将给予一定的奖励。

本办法由总务处监督执行，保卫部门配合实施。

3. 绿化养护管理标准

成活

对新种树木特别管护，及时浇水、修剪、培土、扶正、绑桩、治虫等，成活率要达到 90% 以上，常年树木成活率达到 98%。

植物保护状态

防治病虫害，大面积防治每年不少于 4 次。无病害率达到 85%，无虫害率达到 90% 以上。

草木花卉种植

常年定型花坛，指令性草花种植区，全年更新 2 次。身苗由苗圃供给，种植后要及时管养，要求长势良好。

树木修剪

常年按季节进行修剪，全年不少于 3 次（6 月下旬，9 月下旬，12 月下旬）；易疯长树木应不定期修剪。要求无枯枝、死树、陡长枝。

除草

杂草高度不超过 10 厘米，按 100 平方米计算，每平方米不超过 10 株，草势旺盛期应适当增加除草次数。

浇水施肥

按树木长势进行不定期抗旱浇水或排涝，全年冬春施肥不少于两次。

清理

绿化区域土地平整，无杂物、无枯枝烂叶，砖石不超过 3 立方厘米，除下的杂草、修剪的废枝应及时清理处置。

种植及临时劳动

及时完成当年树木种植、搬迁任务，并协助有关部门共同完成校庆、节日、会议会场的绿化。

检查评比

按照每人所承担的绿化种植、养护责任，每月检查评比一次。

4. 校园苗圃管理制度

（1）苗圃是校园培植苗木、花卉，制作盆景的绿化基地，贯彻"以绿养绿"的方针，逐步减少学校投资。

（2）苗圃必须为美化校园服务，同时也要为社会绿化活动服务。

（3）苗圃应充分利用自身条件，开展新品种繁殖，每年自行嫁接、套接，培育及补进新品种各 2～3 个。

（4）苗圃的所有名贵花木必须建立账册，详细记明品种、规格、数量、价格、出入苗圃时间、去向等情况。

（5）苗圃内不准存放私人花卉。

（6）苗圃工作人员严禁私自将各类花卉、盆景带出苗圃，违者处以原价 5 ～ 10 倍的罚款。

（7）苗圃负责校园公共场合、校长室、书记室、会议室的花卉布置、更换和养护。

（8）苗圃负责学校大型会议会场用花和节日校园单项性美化布置，可收取适当费用。

（9）苗圃努力为教职工服务，积极种植各种时令花草、苗木，制作盆景出售，对花卉爱好者进行管养技术指导。

5．环境卫生工作管理办法

环境清扫

（1）工作量：每个环卫清扫人员承包的责任片区，包括路边绿化地及其中小径。

（2）清扫时间：每天至少清扫两遍，并全天候保洁。

（3）环卫清扫人员还负责房屋下明沟的清扫、冲洗，并要拾清绿化地上的果皮、纸屑等垃圾，并负责清倒路边废物箱垃圾。

（4）严格控制蚊蝇滋生地，做到责任片区无蚊蝇滋生地。

（5）责任片区内发现乱倒的垃圾，要及时处理，遇到难题立即报上级管理部门处理。

日常管理规定

（1）禁止随地吐痰。违者批评教育，就地清除；不接受批评教育者，予以记过处分。

（2）禁止在食堂、教室、走廊、窗外、道路、绿化区域和操场等公共场所乱扔果皮、纸屑、饭菜等。

（3）禁止向校园河内投掷石头、丢弃废物、排放污水，禁止在室内外乱倒污水、乱扔各种垃圾。违者批评教育，就地清除、捞出。

（4）禁止在各种建筑物、设施、树木上张贴大小字报和乱刻画，各部门的通知、海报、广告、启示等必须在指定的广告栏内张贴。违者批评教育，就地擦洗干净。

（5）禁止在办公楼、走廊、盥洗室及厕所内用火处理废纸、杂物，严禁将火种倒入垃圾箱内。

（6）禁止在室内、走廊、门厅和绿化地带、建筑物周围及道路上打球、踢球。违者没收其体育用品，造成门窗损坏的，按原价的 2 倍赔偿。

（7）不准在教学楼、办公楼、走廊、盥洗室、教室、办公室等非指定地点停放自行车；校内不准乱停放各种车辆。违者予以批评教育。

（8）不准在校内饲养家禽、家畜，不准在树权枝、树干上挂晒衣被等物。

（9）不准破坏校园内的花草树木和公共设施。对任意堆物堵塞交通、未经许可自行搭建、影响观瞻或损坏花木和公共设施者，除责令其立即清除外，如有损坏，按原价的 5～10 倍罚款。

（10）各部门应划定环境卫生责任区,在责任区范围内保持人行道、墙脚清洁，地面无痰，无粪便、污水，无瓜皮、果壳、纸屑，无砂石等。室内由各部门承包卫生。

（11）不准在绿化地带或空场上随意大小便，乱倒污水、粪便、垃圾等。违者批评教育，就地清除。

（12）不准在校内外、门口等地任意设摊。如经职能部门同意临时设摊，摊主应保持摊位周围场地的环境整洁卫生。违者就地清理。

（13）垃圾分类倒放，并保持垃圾箱周围的清洁，垃圾不准倒出垃圾箱外，建筑垃圾不准倒入生活垃圾箱内。违者责令其立即清理。

（14）施工单位应做好施工场地的环境卫生工作，做到场地围栏整齐，周围环境卫生整洁，临时工棚和堆物不得有碍环境卫生和阻塞人、车进出的通道。违者就地清理。

（15）施工现场要有指定的材料和垃圾堆放点，不准乱堆乱放。施工结束后在两周内要清理好材料和垃圾。

此条例适用于全校各部门和个人，希望师生员工自觉遵守。

6. 校园环境管理办法

为了保障学校的正常工作和发展，维护学校广大教职工、学生和居住、生活在校园内人员的切身利益，特制定了《学校校园环境管理方案》（以下简称"方案"），现将有关内容通告如下：

人员管理

（1）本校教职工、学生，以及教职工家属、子女，需凭学校相关证件出入校园；本校教职工、学生，以及教职工家属、子女出入封闭管理的住宅小区时须服从物业公司管理并主动出示证件。

（2）在学校居住和有固定工作单位的临时工，经审批后可办理相关证件进入本人的住宅小区或工作区域；未经允许不得进入其它封闭管理的住宅小区。

（3）非本校人员和在校园内生活的业主到我校办公、送货、走访亲友时需凭有效证件或登记后出入。谢绝其他外来人员进入校园。

户外活动管理

（1）学生团体应当在法律、法规和学校管理制度范围内活动，接受领导和管理。学校提倡并支持学生及学生团体开展有益于身心健康的学术、科技、艺术、文娱、体育等校园文化活动。

（2）本校学生组织户外活动项目由学生处、团委审批，活动地点由保卫处审批并在指定地点进行，不得影响学校正常的教育教学秩序和生活秩序。

（3）校工会、体育部、学校机关组织的校内人员参加的活动要报保卫处备案，并由保卫处派保安维持秩序。

（4）二级工会、中学、小学、幼儿园组织的活动要经校工会审批、管理，并报保卫处备案和指定地点。

（5）任何组织不得参与非法传销和进行邪教、封建迷信活动；不得从事或参加有损学校形象、有损社会公德的行动。

（6）涉及校外人员参加并有车辆进出校园的大型活动，主办单位必须提前两天报学校保卫处审批。

（7）未经允许，任何个人或单位不得在校园内进行任何性质的商业活动。

宣传品张贴、悬挂和场地管理

（1）各单位悬挂横幅（含各种与商业活动有关的横幅）、设置充气拱门、施放气球等，均须到宣传部办理有关审批手续，经批准才能布置，并在限定的时间内撤除。宣传部根据学校的规定最长在两个工作日内对能否设置，设置的内容、地点、时限等进行审批（超过规定时限没有答复视为同意）。

（2）全校各单位张贴的各种布告、通告、通知、启事、海报、展板、广告等必须使用正确的语言文字，并张贴在指定的位置，不得在校内的建筑物、树干等处随意张贴，或在校园道路旁自行设牌张贴。

（3）校园内的各种指示标记（含各类广告标识）由综合管理办公室和保卫处统一规划设立，各单位不得擅自在校园内设立标记。学校校园综合管理办公室将组织专家对悬挂标语、张贴广告的设施和场地进行专门规划和建设，并会同有关部门对各单位所需要的宣传场地和设施按类型进行建设和分配。

（4）各单位悬挂、张贴的宣传品原则上保留七天。七天后由本单位自行拆除，逾期不拆的由学校物业公司拆除并收取工作费用。对不遵守学校规定的单位，学校将给予通报批评。

（5）未经允许，校外任何单位和个人不得在学校任何地方悬挂标语，张贴、派发广告或进行其它商业性质的宣传活动。一经发现，学校值勤人员将立刻进行制止并劝其离开。对多次教育仍不听劝阻者，学校将对相关个人或单位采取强制措施和行政手段。

校内基本建设、修缮（装潢）工程管理

（1）学校基本建设、修缮和业主装修工程须符合国家和学校有关规定，报业务主管部门批准，交纳施工押金并领取施工许可证，报送项目负责人姓名、电话、工作单位和地点。

（2）施工单位或个人凭许可证到保卫处办理施工人员的临时出入证、施工押金和其他有关手续，手续齐全后方可施工。

（3）在施工过程中，施工单位或个人要确保安全，不占道施工，保证校园正常的交通秩序（确因工程需要占道施工的，要报保卫处批准并采取相应的措施）；不得损毁树木和绿地（确因工程需要的，工程完工后要及时恢复原样）；施工单位或个人应及时清运建筑垃圾，保持施工现场和周边环境的整洁、卫生；如损坏的绿地不恢复、施工

产生的垃圾清运不及时或不清运，学校有关部门将委托有关单位代为修复和清运，费用从施工押金或工程款中抵扣。

（4）因工程施工需要临时搭盖工棚及附属设施，须经主管部门批准。使用单位应在工程验收结束后一个月内，拆除临时工棚及附属设施，逾期不拆除的由学校委托相关部门拆除，所需费用由搭盖单位支付并扣没相关押金。对施工单位原因造成物业管理部门工作量增加的，物业管理部门有权收取适当的费用。

（5）施工单位或个人应做好施工场地的环境卫生工作，施工现场要有指定的材料和垃圾堆放点，不准乱堆乱放，做到场地围栏整齐，周围环境卫生整洁，临时工棚和堆物不得有碍环境卫生和阻塞人、车进出的通道，违者就地清理并扣没相关押金。

（6）对违章施工或搭建的单位和个人，学校和物业公司有权进行制止，情节严重的要给予一定的处罚。施工造成单位或个人与学校或物业公司产生纠纷的，学校主管部门进行调解。调解无效的诉诸公安机关处理。住宅区内业主装修应服从物业公司和业主委员会的管理。因业主装修与物业公司产生纠纷的由业主委员会调解。调解无效可报请学校主管部门或公安机关处理。

校园商业点、餐饮场所管理

（1）校园内严格控制商业活动，需设商业点的单位或个人必须向学校总务处和后勤集团商业服务中心申请，陈述理由和内容，经批准，办理有关手续，领取商业许可证后方可营业。

（2）经批准的商业点、餐饮场所须遵守学校的规章制度，在指定的地点、限定的时间和范围内营业，不得随意扩大活动的范围或延长活动的时间，不得哄抬物价或随意涨价，不得随意张贴、悬挂广告或做虚假广告，并负责保持活动地点的环境卫生。

（3）学校商业点的设置和餐饮场所的经营范围，必须按学校的统一规划和要求执行。必须按照国家有关规定办齐各种相关证照，依法经营。销售和从事食品经营的单位和个人，必须具备卫生防疫部门核发的"食品卫生许可证"和从业人员"健康证"，严把食品安全卫生关。禁止销售具有赌博性质或任何危害学生身心健康的物品，严禁售卖过期、变质食品和伪劣产品。若证照不全或没有办理相关证照的，将依法限期整改直至取缔，并追究有关责任人的责任。

（4）业主应对经营的商业点、餐饮场所进行经常性安全防火检查。自觉遵守《中华人民共和国安全生产法》等有关安全管理法规和标准，防止火灾等事故发生。发生事故时，应及时报警，组织抢救，及时向有关部门报告。严禁未经批准私自乱拉乱接电线，禁止使用明火炉灶等。

（5）各商业点、餐饮场所必须严格遵守学校作息时间规定。严禁经营任何产生噪声、对校园环境造成危害、影响教职工身心健康的项目。

（6）未经允许，学校物业公司、学生社团、单位和个人不得私自在校园内摆摊设点进行商业活动。

校园公共设施管理

（1）校园公共设施，是指本校区内道路主干道、支干道、人行道、围墙、球场及其围网、教室课桌椅、供配电设施、给排水设施、公共建筑物及其附属设施。学校总务处是学校公共设施的主管单位，总务处委托后勤集团具体执行现场管理职责，其他任何单位和个人不得私自处置。

（2）学校公共基础设施是学校的公共财产，校内所有单位或个人都有保护学校公共基础设施及其附属设施的权利和义务，对损害公共基础设施及其附属设施的行为，有权进行监督、检举和控告。

（3）在学校道路及其附属设施范围内，禁止擅自占用或者挖掘学校道路；禁止未经批准堆放物料、摆摊设点、施工作业、设置临时设施；禁止倾倒垃圾、污水等废物；禁止履带车、铁轮车、超限车辆（超重、超长、超高）擅自在学校道路上行驶；禁止在学校道路上冲洗车辆或学驾车。

（4）在学校给排水设施范围内，禁止擅自改动管线、检查井、雨水井；禁止开挖取土、堆放物料、倾倒垃圾或易燃、易爆危险品；禁止向污水管道排放超过规定排放标准的污水，禁止其他危害给排水设施及附属设施安全的行为。

（5）在学校供配电设施范围内严禁攀登供电杆线、配电变压器和路灯杆；严禁在供配电设施上搭线、挂物、搭建建筑物、堆放物料；严禁损坏供配电设施和擅自迁移供配电设施。严禁私拉乱扯电线。未经总务处批准，任何单位不得私装空调。

（6）校内其他单位布置网络线、电话线、广播线、监控线或其他线路必须取得总务处的批准后方可施工，严禁在校园内乱布线。

校园环境卫生、绿化管理

（1）校园环境卫生指校园内及学校周边环境的清洁卫生工作。校园环境绿化严格按照校园总体规划执行。

（2）总务处作为学校环境卫生、绿化的规划、主管、监督部门，按学校与物业公司签订的有关协议，定期对其进行指导、监督和考核评估。各物业公司必须服从学校对环境卫生的维护和整体安排。

（3）除物业公司管理外，学校各单位、商业点、餐饮场所要对自己所在地门前的清洁、绿化起维护和保养作用。各院系、行政部门要教育学生和教职工自觉遵守学校有关规定，做文明人，共同创建美好校园。

（4）严禁破坏校园内的花草树木、公共绿地。对损坏花木和公共绿地者，学校将进行批评教育，情节严重者将给予罚款处罚。

（5）禁止在校园内随地吐痰、乱扔果皮、纸屑、烟头、饭菜等其他不文明的行为；禁止向校园湖内投掷石头、丢弃废物、排放污水；禁止向室外乱倒污水、乱扔垃圾；禁止在办公楼、宿舍楼、走廊、盥洗室及厕所内用火处理废纸、杂物；严禁将火种倒入垃圾箱内。

影响校园环境相关现象管理

（1）装修噪声。任何单位或个人装修必须预先申报并得到批准才方可开工。装修时间严格控制在上午 8：00 ～ 12：00，下午 2：30 ～ 8：00。

（2）有噪声的活动。任何单位组织的活动都不能影响校园正常的秩序，不得影响师生、员工的正常休息。学校大型活动、学生活动要控制音量。餐饮场所、娱乐活动晚上不得影响师生及其他员工的正常生活。活动时限为 7：00 ～ 12：30；14：30 ～ 22：00。

（3）打球时段。中午 12：30 ～ 2：00 和晚上 21：00 以后不得在篮球场等地打球。

（4）校园乱摆摊。严禁任何单位或个人在校园内摆摊设点或进行与商业活动有关的业务。经批准的单位和个人，要按指定的范围和时间经营。

（5）校园养狗。严禁在校园内饲养家禽、家畜和其他宠物，合法养狗者不得把狗或其他宠物带到教学区或其它公共场所。

（6）乱挂衣物。严禁在围栏等公共建筑设施上挂晒衣被等物。在阳台或其他地方晾晒衣被应不影响学校环境景观。

（7）公共场所踢球。严禁在室内、走廊、门厅和绿化地带、建筑物周围及道路地区打球、踢球。因此类活动造成公物损坏的须赔偿。

（8）临时人员管理。严禁基建工地工人、校内从事其他工作的人员和散步、休闲人员衣冠不整在校园走动或在草坪等公共场所躺睡；非本校教职工和学生不得占用学校运动场地或其它公共场地活动。

（9）收买垃圾旧电器等。除物业公司外，严禁外来人员在校园内收垃圾或到大型活动场所抢收垃圾。严禁外来人员到垃圾箱翻捡垃圾。严禁外来人员到校内叫卖，收购垃圾和旧物品。物业公司清洁人员不得将垃圾车乱停乱放，并注意清洁时间和自身形象。

学校将组织专人对校园环境进行检查和巡视，对不服从学校管理规定的单位和人员，学校将利用教育、劝说、制止、通报等方式进行处理。学校希望全校师生和社会各界人员理解、支持、配合学校的工作，并对所有关心、理解、支持学校工作的人员表示衷心感谢！

7. 校园及周边环境卫生的管理

师生素质提升工程

（1）加大宣传教育力度，营造讲个人卫生、人人参与环境治理的氛围，在师生中形成"讲卫生、懂礼仪、有修养"的良好风尚，提高师生的健康素质和学习生活质量。

（2）加强"爱护公共设施"教育和相关常识的宣传普及，引导师生自觉爱护和科学利用公共设施，抵制和纠正不文明行为。

（3）广泛开展"卫生文明个人""卫生文明班级"创建活动，切实把校园环境综合治理工作融入师生精神文明创建活动。

（4）充分发挥学校德育处和后勤处的作用，积极开展舆论监督，对违背卫生文明、公共道德、学生守则和学生日常行为规范的错误言行和现象进行批评和教育。

校园环境改造工程

（1）抓好校园基础设施建设和维修改造，提高校园的绿化覆盖率。

（2）积极开展"绿色学校""园林式学校""卫生单位""文明学校"的创建活动。

（3）加强学校综合管理，建立健全卫生清洁制度，坚持一日常规、一周常规、一月常规，并做好环境卫生监督检查评比工作。

校园周边整治工程

（1）教育系统应对校园周边的垃圾、乱贴乱画现象等进行集中清理。

（2）教育局应与相关部门联合对学校附近的网吧、歌舞厅和各类小摊点进行整治，为学生创造良好的社会成长环境。

（3）各校园通过广播、橱窗、黑板报、宣传栏、团队活动等多种形式，大力宣传校园环境综合治理的目的意义、工作目标、治理内容、工作措施及进展情况，努力营造"人人关心环境综合治理、人人参与环境综合治理"的良好氛围。要广泛发动师生，积极参与校园环境综合治理工作，凝心聚力，形成系统上下齐抓共治的整体合力。

8. 校园环境管理部门职责

（1）负责本部门职工（含临时工）的日常教育、管理、考核和安全生产管理工作。

（2）做好校园内树木、绿篱、景点、草坪的维护、保养等管理工作。

（3）做好校园卫生打扫、清理、保洁和垃圾清运工作。

（4）做好校园绿化、卫生工具、用具的申购与维护保养工作。

（5）做好花圃的管理工作，培育各种花卉，满足学校会议、接待、大型活动及节假日的用花需求。

（6）做好校园内树木花草的移植补植工作，并保证移植和补植树木的成活率达 90% 以上。

（7）做好除"四害"及清理化粪池工作。

（8）协助学校做好校园整体绿化和美化方案的制订和实施工作。

（9）协助学校做好各种大型活动的环境卫生、环境布置及校园卫生治理工作。

（10）完成学校和集团交办的其他各项工作任务。

9. 校园环境管理经理岗位职责

（1）主持与校园环境管理相关的工作，负责校园的绿化、清洁卫生和环境保护等管理工作，完成集团下达的各项任务和经济指标。

（2）确保校园环境整洁、卫生，及时处理相关事件。

（3）根据集团有关规定，负责本中心职工的人员调配、工作安排、考核奖酬分配等工作。

（4）引入竞争机制和激励机制，提高员工企业意识和竞争意识，奖勤罚懒，优胜劣汰。

（5）负责组织校园环境管理员工的政治学习和业务学习，加强员工思想道德建设，充分激发员工主观能动性，力求"精神文明"和"物质文明"双丰收。

（6）完成领导交办的其他工作。

10. 校园环境管理主管岗位职责

（1）协助其他人员处理校园绿化、卫生等日常管理工作。

（2）负责校园绿化、卫生工作的量化标准制定及检查、考核。

（3）协助检查指导学生进行公益劳动。

（4）负责监督校园乱扔垃圾等现象并处理。

（5）负责校园环境绿化、卫生的日常管理工作，包括人员安排。

（6）负责低值易耗品和固定资产的管理及请购工作。

（7）在重大活动期间，加强环卫工作，确保卫生质量更优。

（8）完成领导交办的其他工作。

11．校园环境管理学生指导员职责

（1）指导学生进行公益劳动，传授环境绿化、卫生知识和技能。

（2）负责指导勤工助学的学生参加绿化校园、美化环境的劳动。

（3）负责对参加劳动的学生进行考勤考核及劳动观念教育。

（4）负责校园环境管理办公室的日常事务、接待和财务报账等工作。

（5）负责校园环境管理人员的考勤及劳资等工作。

（6）完成领导交办的其他工作。

12．校园环境管理员的岗位职责

（1）负责校园内环境绿化、卫生的日常管理工作。

（2）能全面掌握园林绿化所种植的植物及其生长过程。

（3）能全面掌握校园卫生的量化考核工作，并加强监督检查。

（4）能根据工作的实际需要，提出合理化建议。

（5）负责本班员工（临时工）的工作考核，并在固定期限前报校园环境管理经理处。

（6）协助指导学生进行公益劳动，传授绿化、环境知识和技能。

（7）协助校园环境管理经理做好绿化施工现场管理。

（8）负责工具库的物资管理，做好防火、防盗等安全管理工作。

（9）完成领导交办的其他工作。

13. 校园环境管理育苗工岗位职责

（1）服从主管的工作安排、调度。

（2）负责花圃育苗工作，包括除杂草、施肥、除虫并及时浇水。

（3）协助主管做好花卉技术上的工作。

（4）负责日常会议、校门口花卉摆设。

（5）完成领导交办的其他工作。

14. 校园环境管理园艺工岗位职责

（1）负责全校树木、草地、绿篱的修剪工作。

（2）每年 4～11 月为修剪期，一般要求草地修剪不少于 4 次，绿篱修剪不少于 8 次，每次累加时间不得超过 20 天；树木的修剪根据要求进行。

（3）协助主管做好其他植树工作。

（4）在非修剪期与绿化工一起工作。

（5）完成领导交办的其他工作。

15. 校园环境管理护理员岗位职责

（1）根据分配的地段或责任区实行任务到位、分片包干。

（2）责任区内的残枝败叶、垃圾要当天清理。

（3）草地内杂草随时清除。

（4）凡机剪不到之处的草，必须及时修剪。

（5）要注意草地的施肥、淋水及防治病虫害。

（6）完成领导交办的其他工作。

16. 校园环境管理清洁工岗位职责

（1）清洁工按交接班制度做好早、晚的交接工作。

（2）清洁工的职责范围包括教学区、运动区。每个清洁工按学校分配的固定卫生清扫范围做好本职工作。

（3）全校要经常保持整洁。走廊、楼梯、操场和校道每天打扫，平时见脏就扫。做到地面无纸屑、果壳、痰迹、杂物。

（4）走廊和楼梯的墙面及护栏、宣传栏框每周洗擦一次，走廊、楼梯所有玻璃门窗每月擦一次，做到无积灰。

（5）各楼层安全指示牌、垃圾桶每天用抹布清洁一次，无灰尘、无污垢。

（6）每日做好洗手间的通风工作，做到无异味，下班前需把窗户关好。洗手间地面干净，无杂物、无污水、无死角、无臭气；洗手间墙面、镜面无灰尘、无污渍。洗手盆、拖布池无污水、无油渍。每周日做好卫生间的清洁工作。

（7）保证师生的饮用水供应。

（8）做好办公室、会议室、电教室平时地面、门窗、桌椅清洁工作。按时上下班，随时注意所负责打扫区域的卫生工作，使校园始终处于干净、整齐、美观的状态。

（9）经常性地给校园和教室、办公室进行消毒，协助校医室共同做好卫生防疫和防止流行性疾病传播的工作。

（10）每次清扫完办公室的卫生后，要将物品放回原处，要注意用电和财产安全。

（11）要随时做好教学区和运动区的卫生清扫和物品摆放工作，保证教育教学工作的顺利进行。收发室内备品摆放整齐，卫生清洁，不能堆放任何杂物。

（12）做好总务主任安排的其他勤杂工作。

（13）注意自身形象，做到语言文明、举止端庄、服装整洁。清洁工要坚守岗位，在指定的位置休息；禁止窜楼，按规定午休（分别执行中学、小学及行政的作息时间）。

（14）全体教师要积极配合清洁工的工作，如果对清洁工工作不满意，必须通过正当渠道，向总务处、办公室或主管领导反映情况，由学校研究做出处理决定，不允许有意刁难清洁工，要积极协助清洁工做好学校的卫生清扫和保持工作，尊重他人的劳动。对不讲卫生，或有意刁难清洁工的教师，查实后按学校规章制度严肃处理。

第三章

学校安全文化制度建设

1. 学校安全管理工作制度

提高认识

提高思想认识，增强安全警觉，积极开展安全教育，宣传和普及安全事故防范的知识。

（1）学校，尤其是中小学校是未成年人聚集的场所，由于学生生理和心理发育不成熟，自我保护意识和能力较弱，主观从众倾向较为明显，个体行为易群体化，一旦发生事故往往造成极为严重的后果。

（2）为未成年人提供安全的生存空间，建立一个安全的学习环境是教育工作者的首要责任，是做好教育工作的前提条件。

（3）在安全教育中，要针对学校的特点，针对学生在年龄、生理及知识结构、认识能力等方面的特点，确定教育活动内容，要通过丰富多彩的教育形式使学生能学以致用。

防患未然

规划建设学校要充分考虑安全因素。

（1）要切实加强对工程质量的监督管理。要认真贯彻落实《建设工程质量管理条例》《中小学校园环境管理的暂行规定》，按照国家规定的基本建设程序履行报批手续，从事勘察、设计、施工和工程监理的单位，必须具有相应的资质。

（2）要坚持"先勘察、后设计、再施工"的原则，严禁搞边勘察、边设计、边施工的"三边"工程，各参建单位必须严格执行建设工程强制性标准。

（3）未经质检部门验收或验收不合格的工程不得交付使用，坚决杜绝违法违规建设，严禁出现"条子"工程和"豆腐渣"工程。

（4）应根据建筑防火、抗震、安全疏散等规范要求，认真检查是否存在安全隐患，以避免不良后果的产生。

制定制度

制定安全工作制度，建立健全责任制和责任追究制，组织贯彻国家有关安全保卫工作的法律、法规和行政规章。

提供经费

为加强学校安全工作提供必要的经费和物质保障。

（1）目前全国各级学校，有些学校基础设施年久失修，不少学校消防设备、消防器械配备不齐，有的型号不符合要求，又未及时更新。这些因素极易导致安全事故的发生。

（2）学校要牢固树立"安全第一"的观念，积极通过各种统筹安排政府各项投入，实行多种渠道筹集等办法，保证安全工作经费的落实。

（3）凡是危害师生安全的校舍，要采取果断措施封闭停用；对陈旧老化的水、电、暖等基础设施要加紧改造；配置必要的消防设备，对学校的消防设备、消防器械进行检查，按期更换更新，确保消防设备设施完好。

督促检查

检查安全保卫工作落实情况，消除安全隐患。

（1）安全检查是监督、指导学校加强安全工作的重要手段，是分析安全情况、预防安全事故的重要措施。

（2）学校在进行安全管理时应注意把平时检查和集中检查相结合，全面检查和重点检查相结合。

（3）检查的主要内容应包括：一是安全工作责任制的落实情况；二是规章制度建设和执行情况；三是事故隐患监控和整改情况；四是安全监督管理力量配备和职责履行情况；五是宣传教育和培训情况。对查出的不符合安全条件的各种问题，应指定专人负责，限期整改，一抓到底，抓出成效。

（4）学校应当经常召开防范安全事故的工作会议，召集有关部门负责人参加，分析、布置、督促和检查本地区各学校防范安全事故的工作。

培训队伍

加强保卫队伍建设，对学校安全保卫人员进行业务指导和培训。

（1）学校可以根据需要，设置专、兼职安全保卫机构，配备专、兼职安全保卫人员。

（2）学校要充分发挥安全保卫队伍的骨干作用，并进一步加强队伍建设。同时，还要有组织、有计划地开展对安全保卫人员的培训工作，加强他们的安全保卫知识和法律知识教育，强化他们的责任感、法制观念和安全防范意识，可请有关部门或熟悉安全保卫业务工作的人员进行辅导，并结合典型案例的分析，增强他们防范和消除安全事故的能力。

推广经验

总结、推广学校安全保卫工作的先进经验，推动学校安全保卫工作的发展和创新。努力做到全员、全方位、全过程抓安全，发扬过去好的传统和行之有效的做法，贯彻群防群治、专群结合、人员防范和技术防范相结合的方针，根据各地各校的不同情况，探索加强学校安全防范的有效途径和方法。

追究责任

安全事故的调查、处理，事故责任人和学校负责人的责任追究。

（1）实行责任制和责任追究制是搞好安全保卫工作、防范安全事故发生的有效措施。对疏于管理、有法不依、有令不行、有禁不止，造成重大、特大事故的责任人，必须依法追究，严肃处理。通过事故查处，找出事故原因，分清事故责任，吸取事故教训，防止同类事故再次发生。

（2）坚持做到"四不放过"，即事故原因没有查清不放过，事故责任者没有严肃处理不放过，广大师生员工没有受到教育不放过，防范措施没有落实不放过。

（3）学校重大安全事故发生后，应在当地政府的统一领导下，迅速组织救助，将事故损失降到最低限度。按照国家有关规定组织调查组对事故进行调查。

2．学校安全工作教育制度

（1）学校安全教育要以学生为主，同时对教职员工开展教育。

（2）学校安全教育应包括以下内容：

①交通安全教育；

②游泳安全教育；

③消防安全教育；

④饮食卫生安全教育；

⑤用电安全教育；

⑥实验和社会实践活动安全教育；

⑦校内及户外运动安全教育；

⑧防地震及其他自然灾害的安全教育。

⑨网络安全教育；

⑩防中暑、防煤气中毒的安全教育；

⑪紧急情况下撤离、疏散、逃生等安全防护教育；

⑫心理健康教育；

⑬突发疾病救治常识教育。

（3）学校应在每学期初组织教职工认真学习各种安全知识，强化安全意识。

（4）学校应根据学生年龄特点、认知能力和法律行为能力，确定各年级段安全教育目标，形成层次递进教育。

①幼儿园安全教育目标：使幼儿初步学习处理日常生活中危急情况的办法，接受成人有关安全的提示，学会避开活动中可能出现的危险因素和保护自己。

②小学安全教育目标：使学生初步树立安全观念，了解学校和日常生活中的基本安全知识，熟记常用的报警、救助电话，具备初步的分辨安全与危险的能力，掌握紧急状态下避险和自救的简便方法。加强交通法规教育，提倡步行上学，禁止未满 12 周岁的学生骑车上学。

③初中安全教育目标：使学生树立安全法制观念，自觉遵守安

全法规，保护公共安全设施；熟悉学校、家庭、社会中须知的安全知识，掌握事故发生后请求救助的基本途径，具备一定的危险判断能力和防范事故的能力。

④高中安全教育目标：使学生树立法制观念和社会公德意识，自觉维护公共安全，懂得运用法律法规保护自己的合法权益；掌握紧急状态下自救自护的基本方法，具备一定的抵御暴力侵害能力。

（5）学校应根据有关法规和学校的布局状况，并在公安、消防等部门的指导下，制定应急疏散预案，并组织师生进行撤离、疏散、逃生演习。

（6）学校要根据地域、环境特点，把放假前、开学初、冬夏季来临前作为安全教育的重要时段，重点对学生进行交通安全、饮食卫生、校内外活动安全和防中暑、溺水、煤气中毒等方面的专题教育，并传授发生意外事故的自救、自护知识和基本技能。

（7）学校应利用每年的全国中小学生"安全教育日"、全国"安全生产月"等活动，针对安全教育的薄弱环节，根据教育主题开展各种宣传教育活动。

（8）学校要进一步加强家校联系，取得学生家长的配合，共同做好学生心理健康教育和心理障碍的疏导工作。

（9）学校要积极发挥校外法制副校长的作用，每学期都要对全体师生进行法制安全讲座和考试。

（10）学校应加强校园安全法制文化建设，充分利用学校各种宣传阵地和设施，开展安全法制教育，安全法制教育课必须做到计划、教材、教师、课时"四落实"，建立稳定有效的安全法制教育机制。

3．校园安全保卫工作制度

（1）建立治安保卫工作制度。

（2）建立治安保卫工作机构，充实治安保卫工作人员，为保卫机构和保卫人员配备开展工作所必需的安全防护等装备器材。

（3）经常开展法制和治安防范宣传教育，增强教职员工的法制观念和治安防范意识。开展学生的自我保护教育，增强学生的自我保护意识。

（4）校区治安防范工作应当实行人防、物防和技防相结合，财务室、重要物资仓库等重要场地应当安装必要的安全技术防范设施。

（5）严禁任何单位以任何形式、名义组织中学学生从事易燃、易爆和有毒等危险产品的生产活动或者从事其他危险性劳动。

（6）参与社会治安综合治理工作，开展创建治安全单位活动，开展与周边地区的共建文明社区活动。

（7）及时排查内部不安定因素，调解纠纷，化解矛盾，维护内部稳定。

（8）发生刑事案件、治安案件、治安灾害事故和不安定事端时，应当及时向公安机关和有关部门报告，不得隐瞒不报、谎报或者拖延报告。

4. 学校安全管理职责范围

（1）确保校舍和其他教育教学设施不存在危及学生安全的隐患，不会对学生造成伤害。

（2）确保学校环境有利于学生身体健康，如光线充足、无有毒气体等。

（3）确保由学校提供的食物和其他物品不危害学生身体健康。

（4）确保教职工依法执教，不体罚学生，不侮辱学生，不忽视学生在教师管理下的身心健康。

（5）确保学生活泼有序地学习生活，有效管理和制止有害学生身体健康的不良行为。

（6）确保国家有关学生安全的法律法规和其他规定在学校切实贯彻执行，完善学校相关的规章制度，并有相应的人力、财力、物力保障该规章的实施。

（7）经常性、制度性、有效性地开展教职工、学生、家长等相关人员的安全教育。

（8）开展其他学生安全工作。

5. 学校教务工作安全管理制度

教室安全管理制度

（1）教室的门窗必须常年保持完好，任何人不得故意损坏。

（2）发现门窗损坏，班主任有责任及时报修，同时采取相应的防范措施。

（3）班级应指定专人保管教室门的钥匙，每天值日生随时锁好门窗。

（4）学生课桌内除放课本、学习用品外，不准存放其他任何贵重物品（如现金、钱包、首饰、手表、随身听、计算器等）。

（5）学生不准在教室内追逐打闹，随便搬动课桌、椅。

（6）学生不准在课桌上乱写乱画，更不得用刀具刻划出痕迹。

（7）教室内不准乱拉私接电源，乱设插座，乱充电。

（8）不准学生在无保护措施的情况下，擅自登高擦洗户外窗玻璃，防止发生意外事故。

实验室安全管理制度

（1）化学危险品应设专用安全柜存放，柜外应有明显的危险品标志，并加双锁保险，由两人负责，领用危险品必须按规定执行，以免酿成事故。

（2）实验室供电线路的安装必须符合实验教学的需要和安全用电的有关规定，定期检查，及时维修。

（3）实验室要做好防火、防爆、防触电、防中毒、防创伤等工作，要配备灭火器、砂箱等消防器材及化学实验急救器材等防护用品。

（4）实验室要采取防盗措施，加强安全保卫工作，非实验室工作人员不得进入仪器保管室内。

（5）实验室工作人员作为实验室安全防护的责任人，应随时随地按照本制度进行检查。做好安全防护工作，学校领导要经常督促检查。

（6）任何人不得私自将有毒物品带出实验室，违者造成后果应负一切经济法律责任。

微机房安全管理制度

（1）微机房是学校重要教学场所，管理人员应高度重视安全工作，相关人员落实安全保卫责任。

（2）微机房必须安装防盗门窗和报警装置，报警装置与当地派出所相连接，微机房应根据实际情况配备适用的灭火器具，微机工作人员熟知使用方法。

（3）严格控制进出人员，不准任何人将陌生人带入微机房操作微机。

（4）要定期检查，严禁登录黄色网站，未经管理人员同意不准私带软盘上机。

（5）严禁火种进入微机房，不准在机房内吸烟。

（6）学生使用微机，必须服从教师的指挥，按程序操作。注意爱护公物，防止人为损坏。

（7）现有的报警设施应经常检查，下班、节假日要及时接通报警设施电源，发现失灵，及时报修。

（8）发现微机使用电源损坏，要及时报修，以防造成更大的损失。

办公电脑安全管理制度

（1）各科室教学公用电脑为本科室人员使用，未经管理人员许可，其他人员不得擅自动用。

（2）任何人不准在教学、办公用电脑上玩游戏、聊天。

（3）禁止在计算机网络上发表违法或有害国家的言论。

（4）使用办公电脑时不准吸烟，更不得使用明火，操作人员用完办公电脑后注意及时切断电源。

危险品安全管理制度

（1）严格采购审批制度，未经单位主管批准，任何部门、个人不得擅自购买剧毒、易燃、易爆物品。

（2）严格进出库登记制度，并有专人、专箱（橱）保存，实行两人同时加锁开、关的制度。

（3）领用危险品须经部门负责人批准，实验多余的应及时退还给保管人员入库。

（4）使用危险品时要按规范操作使用，学生必须在教师指导下进行实验实习。

（5）任何个人不准私自收藏、保存危险品，违者由此发生的事故则负全部经济、法律责任。

图书室安全管理制度

（1）图书、资料严格编目，登记制度，借出收回账册齐全，不定期检查防盗、防湿、防霉、防鼠害、防虫害、防火等设施是否完好。

（2）图书、资料分等级存放，特别贵重书刊的借阅实行校长特批制度，贵重书刊要有专人、专橱收藏，保管人应定期核查。

（3）门窗要有防盗设施，离开工作岗位，应随手关好门窗，防止书刊被窃。

（4）严禁将火种带入图书、资料室，内部消防器材应摆放在明显位置，便于救急使用，平时注意检查，保持性能良好。

（5）节日、寒暑假期间应切断内部电源，实行封闭式管理。

（6）对现有报警器材定期检查，发现报警失灵应及时报修。

（7）电子阅览室是电子设备重地，为维护网络安全，上机者不准私自装卸、删除随机软件。不准自带设备入内联机操作。严禁烟火，不准吸烟，不得存放易燃、易爆及放射性物品；严禁在可燃物上使用电热器具，电器易发热部位必须做好隔热处理。室内电器设备及线路安装必须符合安全要求。工作人员应都会使用消防器材。下班前认真清查，关闭各终端机，关好门窗，确认安全后方可离开。

多媒体教室安全管理制度

（1）多媒体教室列入学校安全管理重点场所，必须安装防盗门窗和报警装置，报警装置须与当地派出所或学校值班室联网。

（2）专人管理，计划安排使用，未经领导批准，无关人员不得入内。

（3）使用多媒体教室应实行登记制度，购入硬、软件严格审批制度，专人负责审查、登记、保存，账册齐全；不得将黄色、有害、国家查禁等不健康的信息输入教学多媒体内。

（4）多媒体教室教学设备价值贵重，使用人员必须严格按操作规程操作，学生应服从教师或辅导人员的指挥。

（5）人离教室要随手关窗锁门，并注意切断电源，做好安全防范工作。

（6）禁止将火种带入室内，做好消防安全工作。

网络中心安全管理制度

（1）学校网络管理中心必须认真执行《中华人民共和国计算机信息系统安全保护条例》。

（2）任何部门或个人不得利用联网计算机从事危害学校网及本地局域网服务器、工作站的活动，不得危害或侵入未授权的服务器、工作站。

（3）机房设施应符合国家有关规定，认真做好电源防护、防盗、防火、防水、防尘、防震、防静电等工作，必须安装防盗门窗和报警装置，报警装置须与当地派出所或学校值班室联网，防范措施应有效得力。

（4）严禁任何人在学校网上使用来历不明或有毒软件。

（5）禁止利用校园网制作、复制、查阅和传播违反国家法律法规，不利于国家安全稳定的信息及有害师生身心健康的信息。

（6）网管中心的服务器、工作站未经主管部门领导同意，不得借用到校外。

（7）主干服务系统发生案件，必须及时报告学校保卫处或公安机关查处。

（8）严禁火种进入室内，人离关窗锁门。

电视总控室安全管理制度

（1）电视总控室是学校的重要宣传基地，为学校教学，宣传教育工作服务。转播、直播自制节目必须事先订立计划，经学校有关部门批准。

（2）宣传、教育内容要讲政治、讲文明，要和党中央的方针、政策保持高度一致。

（3）非工作人员不得随便进入工作室，不准在工作室内吸烟或使用任何明火。

（4）工作人员必须按照技术要求的工作程序启用各种机器设备，严防人为损坏设备。

（5）工作人员应随手关窗锁门，认真做好安全防范工作。

6. 学校后勤方面安全管理制度

物资保管安全管理制度

（1）学校购买物品严格领导审批手续，固定资产及时进入物资账，保管人员的账册必须和会计室的账吻合。

（2）保管人员按学校规定健全物资保管账册，进出库手续齐全，账物相符，不出差错。

（3）贵重物资、易燃、易爆、剧毒物品，要更加严格管理，不得随便散失，严格领用审批制。

（4）各处室的物资均有专人负责保管，门、箱、橱上的钥匙由专人保存、领用，借用手续齐全，防盗、防护设施配齐，不使物资受损失。

（5）保管室配齐消防器材，保管员定期检查其性能，妥善保管并会使用。

（6）保管人员要随手关好门窗，发现不安全因素，必须及时采取整改措施。

校园自行车安全管理制度

（1）进入校园内的自行车，实行分散定位停放管理。自行车持有者必须按学校规定，分别停放到指定的车棚、场地，严禁乱停乱放。

（2）车辆进棚必须自行加锁，整齐停放。车篓内不要存放任何个人用品。

（3）在校园内一般提倡推车行走，骑车者应放慢速度，防止撞人。

（4）不准任何人偷骑他人车辆，未经本人同意开他人车锁视为偷窃行为。

（5）发现自行车被盗，失主应及时报告校值周教师协同查处。

校园机动车安全管理制度

（1）机动车进入校园一律不准鸣笛，并减速慢行，载重车辆一律不准进入校园小路、草地，防止损坏环境绿化。

（2）机动车进校园应服从校门卫人员的指挥，按指定位置停放，严禁乱停乱放。

（3）机动车的车门，驾驶员应及时将其锁好，钱包等贵重物品不要放在车内。除重大活动外，平时车辆均由车辆持有者自行看管。

（4）校园内人员较多，行车时驾驶员应特别注意安全，防止撞人、撞物。

（5）进入校园的车辆应按学校规定地点停放。

锅炉安全管理制度

（1）锅炉的使用必须经质量监督部门检测，未经检测不得擅自使用。

（2）锅炉工应持证上岗，有明确的操作规范，不准随便请他人代班操作。

（3）锅炉实行定期检测和定时检修制度，检验不合格的锅炉禁止使用。

（4）锅炉工要落实安全工作责任制，任何情况下不准擅自离岗，要时刻注意气压情况、进水情况，严防发生爆炸事故，要认真填写好交接班记录。

7. 学校安全工作检查制度

（1）建立安全工作领导小组，由学校校长担任组长，定期对学校安全工作进行检查。

（2）各班级、处室要设有安全员。班主任为本班级的第一责任人，处室主管领导为本处室第一责任人。各班级、处室对安全检查要自成体系，责任要落到具体人头上，对重要和贵重物品检查要定时、定人、定位检查。

（3）安全检查必须有计划，有步骤地进行，并明确检查内容、重点和方法，促进各项防范措施的落实。电器、电源、用水、库房、电脑机房、实验操作室、食品卫生、旧建筑物、学生宿舍、学生食堂等均为检查的重点场所。

（4）安全检查要经常性进行。班主任每日对所在班级进行一次全面检查、各处室主任每周组织有关人员进行一次检查，学校每月组织一次对全校安全工作进行拉网式检查，检查时发现隐患，立即下达整改通知书，并限期指定专人进行整改，事后落实整改反馈情况。

（5）严肃安全检查报告、整改追源制度。对查出的不安全因素要及时报告相关部门领导，并要求有关部门及时整改。对重大问题不报告的或对已报告问题不处理而造成损失的，相关部门相关人员将追究相关责任；造成严重损失的，将对相关人员进行行政处分或刑事处罚。

（6）严肃安全检查登记制度。检查中不能走马观花，流于形式或出现漏检现象，对查出的各类隐患，要详细记录，对检查中发现的问题，要提出整改意见，尽最大可能当场落实到具体人头上。记录要有检查负责人和存有安全隐患的部门负责人签字，有关落实情况检查负责人要进行复查。

（7）建立安全检查评比制度。对自查自改无隐患的部门要给予表扬，对隐患多、漏洞大又迟迟不整改的，进行批评教育或通报批评。安全检查工作列入年终部门评先、个人评优考核范围。

（8）建立检查情况校内通报及向领导汇报制度。学校办公室除了每月 1 次的安全检查，元旦、春节、五一、暑假、国庆、寒假分别进行六次大检查，在重要阶段或特殊时期可随时进行专项或全面的抽查，并将检查情况在校内进行通报或直接向领导汇报。

8．体育活动安全管理制度

学校在开展体育活动时和在体育教学及管理中应特别注意以下问题：

体育课应符合教学大纲要求

体育课教学应当遵循学生身心发展的规律，教学内容应当符合教学大纲的要求，符合学生年龄、性别特点和所在地区地理、气候条件。教学形式应当灵活多样。

体育场地、器材、设备应符合安全标准

制定体育场地、器材、设备的管理维修制度，由专人负责管理，按时检查和维修。根据 2002 年 6 月 25 日，教育部发布的《学生伤害事故处理方法》第九条的规定，学校的公共设施，以及学校提供给学生使用的学具、教育教学和生活设施、设备不符合国家标准的或有明显不安全因素的，造成学生伤害事故，学校应当依法承担相应的责任。

体育教师应具备良好思想品德

体育教师应当热爱学校体育工作，具有良好的思想品德、文化素养，掌握体育的理论和教学方法，在体育教学中，不得擅离岗位，玩忽职守。同时，各级教育行政部门和学校应当有计划地安排体育教师进修培训。

在体育课上的注意事项

（1）开展课外体育活动应当从实际情况出发，因地制宜，注意安全。

（2）学校和教师应当定期向学生了解是否有特异体质或者特异性疾病，以便安排体育运动，避免发生学生伤害事故。

（3）要对学生进行健康分组。

①基本组：凡是身体发育正常，健康状况良好或只存在轻微缺陷，但机能水平尚好，并经常参加体育锻炼的学生，可列入基本组。

基本组体育教学要求如下：

　　a.按国家教委颁发的体育教学大纲进行教学；

　　b.可以参加大纲中规定的体育测验；

　　c.可从事 1 ～ 2 项体育专项训练。

　　②准备组：身体发育和健康状况轻微异常，过去很少参加运动，但机能试验无明显不良反应者，可分入准备组。按下列规定进行锻炼：

　　a.按体育大纲从事运动，但要注意放慢速度，循序渐进；

　　b.可参加一般体育活动，但不宜参加激烈的专项比赛和训练。

　　③特别组：健康状况不正常，身体有较严重的缺陷，不宜系统地按大纲活动的学生，可分入特别组。具体要求如下：

　　a.按专门制定的体育教学大纲进行教学，或采用一般大纲中的部分项目进行锻炼，但标准要降低，期限需延长；

　　b.实施医疗体育。

　　（4）要合理安排与调节体育课的生理负荷量。

　　生理负荷是指学生的机体受身体练习的刺激而引起的生理反应。只有合适的生理负荷量，才有益于学生的健康和体质的增强。

　　教师在体育课上要通过细心观察和了解学生自我感觉的方式来判断其生理负荷。如果发现有的学生出汗多，面色苍白，动作反应迟钝或不协调等，同时有心悸、心痛、恶心等自我感觉，说明负荷过高，需要进行及时调整。调整生理负荷量可以通过改变练习的内容、难易程度、动作幅度、重复次数、间隔时间等方式进行。

体育课要符合卫生要求

　　体育课和课外体育活动的组织结构要符合卫生要求。

每节课或每次课外体育活动都要由准备部分、基本部分和结束整理部分组成，不可马虎准备，草草结束。要使专项训练与全面锻炼相结合，避免身体引起局部过于疲劳。

（1）教师应将操作方法、安全规则和应注意的事项向学生详细说明。

（2）教师应在现场予以保护，课外体育活动、体育教师和班主任都要到操场组织监督检查。

（3）对于较大危险性的体育项目，最好有 2 名以上教师在场。

（4）最好不要安排学生同时进行多种体育项目，防止不能同时给予保护。

（5）学校应定期检查体育用具，以确保用具完好，无安全隐患。

9. 学校实验安全管理制度

中学生在上实验课时接触的大多是化学或电器类物质，因好奇或脱离书本教学后的异常兴奋心理，不认真听取并牢记教师讲解操作实验时的安全注意事项，很容易发生安全事故。所以要加强以下几个方面的管理工作：

注意酒精灯的使用方法

预防违规点燃酒精灯导致的学生伤害事故的对策：

（1）严禁学生以酒精灯倾斜点火，严格执行操作规程。

（2）每人备 1 盒火柴，教师在可控制范围内指导一组学生全部

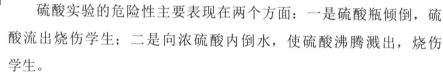

点燃酒精灯后，方可指导其他组。

（3）注意不要打翻酒精灯，使酒精外溢。

严禁使用伪劣、陈旧的器具

物理课使用的实验器具，如果碰巧是假冒伪劣产品或陈旧产品，极易发生爆炸或触电事故。

预防这类伤害事故的正确做法：

（1）尽可能使用合格的新产品做实验器具。

（2）不使用劣质产品做实验器具。不要从旧货市场购买有危险的电器产品做实验器具。

避免违规进行酸类实验

硫酸实验的危险性主要表现在两个方面：一是硫酸瓶倾倒，硫酸流出烧伤学生；二是向浓硫酸内倒水，使硫酸沸腾溅出，烧伤学生。

预防这类伤害事故的对策：

（1）叮嘱学生千万不要碰翻硫酸瓶，不要让硫酸流出。禁止学生向浓硫酸中加水。

（2）教育学生遵守先后实验顺序，不得争抢。

（3）教师应在现场指导、监管，不得擅自离开。

教师管理工作要加强

物理或化学实验课中，教师既要监管各人不同的行为，又要管理实验物品，注意力容易分散。如果安排不当，或责任心不强，或警惕性不高，就容易发生学生伤害事故。

预防这类伤害事故的措施：

（1）实验教师每节课都要反复强调安全注意事项。

（2）分组实验，待一组全部明白操作要领并已经成功操作后，再指导下一组，上一组可停止操作。

（3）上课期间教师不得擅自离开实验室。如确实需离开的，须经领导同意并另委派熟悉实验操作要领的教师接替后方可离开。

10. 学校劳动安全管理制度

危险性劳动的安全管理

（1）学生擦窗时，必须有教师在场监督，必须有足够的安全保护措施。不准站在窗台上擦窗。擦窗时，不能与其他人聊天逗笑。不准学生擦靠户外一面的玻璃。

（2）禁止学生擦高层楼房的窗户，应由专业公司完成。

（3）学生站在桌子上擦灯具、扫屋顶时，桌子腿须完好并稳定不摇晃，须有其他学生扶住桌子，保护正在擦灯具、扫屋顶的学生。

（4）禁止让学生参加可能严重危及学生健康的劳动。

劳动后的安全管理

（1）学校一定要禁止学生在劳动后去河塘、水库、水井等不安全的地方冲洗，必须在宿舍或家冲洗。

（2）班主任在劳动过程中和劳动结束后负责监督学生，直至他们已冲洗完或已回家为止。

（3）利用案例教育学生遵守学校规定。

11．学校饮用水卫生管理制度

生活饮用水的基本卫生要求

生活饮用水必须保证不含有任何种类的病原微生物，其化学组成对人体有益无害，而且水质的感官性状良好，透明无色，无异味，不含有肉眼可见物，水量充足，使用方便。

我国生活饮用水水质标准

我国 2006 年颁布的《生活饮用水卫生标准》共规定了 35 项水质标准，可将它们归为四大类。感官性状和一般化学指标主要是为了保证水的感官性状良好，这一类指标如不符合要求，基本上很难保证水质的卫生和安全性；细菌学指标是为了保证饮用水在流行病学上的安全而制定的，但通常在水源中能测出游离氯大于 0.3 毫克 / 升时为合格；毒理学指标及放射性指标是为了保证水质对人体不产生毒性和潜在性的危害。

学校沙滤水的净水要求

经过混凝沉淀和加氯消毒后的自来水，只要游离氯含量保持在 0.3 毫克 / 升以上，就是可以直接饮用的。

学校沙滤水的检验指标

学校在夏、秋季向学生供应沙滤水饮用，既经济又实惠，应积极推广。但要求在每次开放使用前，进行彻底清洗，开放后必须定期清洗，每次清洗后须经水质检验合格方可开放。一般检验的指标为：

（1）色度在 *15* 度以下。

（2）浑浊度在 *3* 度以下。

（3）总余氯大于 *0.05* 毫克 / 升。

（4）细菌总数不超过 *100* 个 / 毫升，大肠菌群不超过 *3* 个 / 升。

由于以上指标的前 *3* 项多为现场所测，细菌学指标合格者，该水质的其他指标也基本合格。所以，常将细菌学指标作为评判沙滤水水质的标准。

学校饮用水供应的基本要求

学校饮用水供应须保证做到以下几点：

（1）保证经费。

（2）专人负责，工作人员应定期进行健康体检，以确保无常见的肠道传染疾病或病原携带，如有异常，应及时调离工作岗位。

（3）有关设备设施应定期清洗消毒。

（4）饮用水供应量必须量足、安全、卫生，过滤水龙头数至少应达到每个班级 *1* 只龙头，不足时应以茶水桶补充供水。

（5）以茶水桶供水时，应保证每 *4 ～ 6* 个班级拥有 *1* 个茶水桶，茶水桶应分层设置，加盖上锁，龙头设备完好无损。每天应处理掉隔夜的剩水，定期将茶水桶彻底消毒。

（6）学生饮用茶水桶内的水时，应保证使用个人的饮水用具，不可用口直接接饮，饮用水不可挪作他用，以节约用水，减少学校开支。

（7）对沙滤水、净化水、矿化水等设备，在饮用前必须将水质送卫生防疫部门按不同水质的要求进行化验，合格后方可供应。开放供水后仍须按规定定期进行清洗并化验水质。

12. 食堂卫生安全管理制度

食堂位置选择

学校的厨房和食堂应建在地势较高的向阳处和地下水位较低的地方。食堂附近50米内不应有大型的污染源，如垃圾场、畜舍等，并不应在产生有害物质场所的下风向处。厨房建筑物应朝南向或东南向。

食堂建筑设计要求

（1）食堂应设有主食、副食和调味品储存及食品整理、加工、烧煮食物的烹调间及荤素食品清洗池、冷库（冰箱）、蒸饭间、备餐室、分餐处和更衣室等设施。

（2）食堂布局要做到烹调间和餐厅相连接，工作间的配置应注意保持食品分开存放，避免交叉污染。制作间应有操作人员更衣设施和空气消毒设施。

（3）食堂应有良好的通风照明、污水排放设施，地面、墙壁、门窗、桌椅应便于清洁、消毒。

①餐厅内应设有方便、卫生的取水和供水设施，以及用耐磨损、易清洁的无毒材料建成的专用餐具洗涤消毒池和洗手池等，还应有消毒工具和盛器清洗消毒、垃圾及废弃物存放等卫生设施。

②厨房、食堂和库房均应安装纱门、纱窗，在食堂入口处可设置防蝇暗道。

③库房地面最好采用混凝土，堆放粮食的台架应离开墙面，存放食物的容器应加盖。

④食品、调料和原料要分类存放，非食用物品如清洁剂、杀虫剂等要另库存放，标明品名，防止误用。

13．学校消防安全管理制度

（1）学校应设立治安综合治理机构，对学校的防火工作进行研究、部署；校保卫部门具体组织实施防火工作并进行监督检查；有关单位应设立由*1*名领导负责的*2*级责任单位综合治理领导小组，具体负责基层单位的防火工作；全校各年级、各科室（实验室）、生产岗位设防火安全员，监督检查日常的防火安全。

（2）学校应制定有关消防管理规定，各有关职能部门和办公室、防火重点部位及学生宿舍也应制定安全用电等方面的规定。通过建立各项制度，增强师生员工的防火意识，使防火工作有章可循、有法可依。

（3）安全检查应实行"三个相结合"：全校面上的检查和重点部位检查相结合，平时小检查和节假日大检查相结合，检查和整改相结合。对可能发生重大火灾事故的隐患要发出整改通知书，限期整改；对重点部位按要求建立防火档案；对电、气焊和电工等特殊工种人员进行安全培训，持证上岗；制订火灾扑救预案；对灭火器进行规范配置，实行微机录入管理。通过抓各项措施的落实，把火灾事故隐患消灭在萌芽状态。

（4）学校应把防火工作作为综合治理工作的一项硬指标与各单

位层层签订责任书，把单位的防火责任落实到主管负责人，把岗位的防火责任落实到具体的个人，把平时的检查与年终考核结合起来，对防火工作评比打分，年终奖惩兑现。特别是在发生火灾事故时，责任一查到底，坚决予以追究。

14. 校园火灾事前预防方法

消防安全是社会稳定和经济建设的重要组成部分，也是高校师生员工应掌握的一门不可或缺的基本知识。因此，师生员工必须掌握一定的消防知识，及时排查消防隐患，杜绝违规行为，共同筑就全民消防工程。

学生宿舍防火

学生宿舍是高校的防火重点部位之一，全面做好学生宿舍防火工作有极其重要的意义。一般来说，生活用火是引发学生宿舍火灾的重要因素。

为了杜绝学生宿舍发生火灾事故，学生要做到"十戒"：一戒私自乱拉电源线路，避免电线缠绕在金属床架上或穿行于可燃物中间，避免接线板被可燃物覆盖；二戒违规使用电热器具；三戒使用大功率电器；四戒使用电器无人看管，必须人走断电；五戒明火照明，灯泡照明不得用可燃物做灯罩，床头灯宜用冷光源灯管；六戒床上吸烟、室内乱扔烟头、乱丢火种；七戒室内燃烧杂物、燃放烟花爆竹；八戒室内存入易燃易爆物品；九戒室内做饭；十戒使用假、冒、伪劣电器。

实验室防火

实验室风干机、烤箱、高压灭菌锅、电炉等大功率电热器具多，易燃易爆化学药品多（易燃易爆化学药品系指国家标准中以燃烧爆炸为主要物性的压缩气体、液化气体、易燃液体、易燃固体、自燃物品、遇湿易燃物品和氧化剂、过氧化剂及具有易燃特性的部分毒害品和腐蚀品。易燃易爆化学药品遇火或受到摩擦、撞击、震动、高热或其他因素的影响，即可引起燃烧和爆炸，因而火灾危险极大），其他火源种类也较多，所以实验室发生火灾的因素很多。

实验室防火不仅仅是消防工作的需要，而且是社会主义精神文明建设及师生文明素质的重要体现。实验室一旦发生火灾，损失大、人员伤亡大、难于扑救，其历来是高校的防火重点部位，对进入实验室的人员提出严格要求是十分必要的。实验室消防安全应采取以下防范措施：

（1）应充分做好实验前的准备，熟悉实验内容，掌握实验步骤。在进行实验时，严格按实验规程操作，防止因不规范操作造成火灾。

（2）服从实验指导教师的指导，严格遵守实验室纪律，禁止在实验室玩耍、打闹，防止打破仪器设备酿成火灾。

（3）严禁摆弄与实验无关的设备和药品，特别是电热设备。

（4）非实验需要，严禁携带任何火种和其他与实验无关的易燃易爆物品进入实验室，减少实验室致灾因素。

（5）严禁闲杂人员，特别是儿童进入实验室，防止因无关人员的违章行为导致火灾。

（6）严禁在实验室居住，更不能在实验室内及附近使用生活用火，特别是不能使用明火，更不准燃放烟花爆竹，防止引燃室内易燃物和其他可燃物而发生火灾。

（7）注意电热器具的正确使用和保管，正在使用的电热器具不准接近可燃物。

（8）严格实验室用电制度，用电及电器安装必须符合国家规定的技术规范。

（9）详细掌握所处实验室内药品的化学特性，严禁将化学性质相抵触的药品混装、混放，实验剩余的药品必须按规定处理，严禁带走或倒入下水道。

每一名师生都要时时保持警惕，强化火灾预防意识，如发生火灾，应立即扑救和报警，防止火势蔓延。

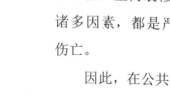

公共场所防火

随着高校建设发展，教室、餐厅、放映厅、图书馆、健身房等场所，人员往来频繁、密度大。公共场所管理松散，部分师生防火意识不强，室内装修使用可燃物质，用电量高，高热量照明设备多等诸多因素，都是严重的火灾隐患，如果发生火灾，极易造成人员伤亡。

因此，在公共场所滞留时，应掌握以下防火知识和方法：

（1）清醒认识公共场所的火灾危险性，时刻提防。

（2）严格遵守公共场所的防火规定，摒弃一切不利于防火的行为。

（3）进入公共场所，首先要了解所处场所的情况，熟悉防火通道。

（4）善于及时发现初起火灾，做出准确判断，对于能及时扑救的要及时扑救，对于已经蔓延的要立即疏散逃生。

（5）要具有见义勇为的精神，及时帮助遭受伤害的人员迅速撤

离、脱险。

楼房防火

楼房与平房相比，防火的侧重面不同。楼房一旦着火，楼梯通道往往被烟火封住，电梯也往往因断电停运，楼内人员难以逃离，加上扑救困难，所以楼房着火很可能造成严重损失和重大伤亡。

楼房防火主要应注意以下几点：

（1）管好火源。液化石油气灶要放在厨房或单独的房间里，不要和煤炉在同一个房间里使用。房间要保持通风良好，无论是在使用液化石油气灶、煤气灶还是炉火时，人都不可离开，发现漏气或意外事故，要及时采取措施。

（2）使用电器设备不要超负荷，不要随便更改或乱拉电线，使用后要及时关上开关。

（3）教育孩子不要玩火。火柴、打火机等引火物要放在孩子拿不到的地方。

（4）阳台不要堆放废纸、木料等可燃物。

（5）不要在垃圾道内烧废纸、刨花等废弃物。

消防安全宣传二十条

只要我们每个人都以高度的消防安全责任感、科学的消防态度做好火灾的预防工作，许多火灾就可以避免。现有《消防安全20条》，提供给大家参考。

（1）父母、师长要教育儿童养成不玩火的好习惯。任何单位不得组织未成年人扑救火灾。

（2）切勿乱扔烟头和火种。

（3）室内装饰装修不宜采用可燃材料。

（4）消火栓关系公共安全，切勿损坏、圈占或埋压。

（5）爱护消防器材，掌握常用消防器材的使用方法。

（6）切勿携带易燃易爆物品进入公共场所、乘坐公共交通工具。

（7）进入公共场所要注意观察消防标志，记住疏散方向。

（8）在任何情况下都要保持疏散通道畅通。

（9）任何人发现危及公共消防安全的行为，都可向消防部门举报。

（10）生活用火要特别小心，火源附近不要放置可燃易燃物品。

（11）发现煤气泄漏，速关阀门，打开门窗，切勿触动电器开关和使用明火。

（12）电器线路破旧、老化要及时修理、更换。

（13）电路保险丝（片）熔断，切勿用铜线、铁线代替。

（14）不能超负荷用电。

（15）发现火灾速打报警电话119，消防队救火不收费。

（16）了解火场情况的人，应及时将火场内被困人员及易燃易爆物品情况告诉消防人员。

（17）火灾袭来时要迅速疏散逃生，不要贪恋财物。

（18）必须穿过浓烟逃生时，应尽量用浸湿的衣物披裹身体，捂住口鼻，贴近地面前行。

（19）身上着火，可就地打滚，或用厚重衣物覆盖压灭火苗。

（20）大火封门无法逃生时，可用浸湿的被褥、衣物等堵塞门缝，泼水降温，呼救待援。

常见的灭火器及使用方法

灭火器的种类很多，按其移动方式可分为手提式和推车式；按驱动灭火剂的动力来源可分为储气瓶式、储压式、化学反应式；按所充装的灭火剂可分为泡沫、干粉、卤代烷、二氧化碳、酸碱等。

（1）手提式泡沫灭火器。手提式泡沫灭火器适用于扑救一般 B 类火灾，如油制品、油脂等火灾，也适用于 A 类火灾，但不能扑救 B 类火灾中的水溶性可燃、易燃液体的火灾，如醇、酯、醚、酮等物质火灾；也不能扑救带电设备及 C 类和 D 类火灾。

灭火人员可手提筒体上部的提环，迅速奔赴火场。这时应注意不得使灭火器过分倾斜，更不可横拿或颠倒，以免两种药剂混合而提前喷出。当距离着火点 10 米左右时，即可将筒体颠倒过来，一只手紧握提环，另一只手扶住筒体的底圈，将射流对准燃烧物。在扑救可燃液体火灾时，如已呈流淌状燃烧，则将泡沫由远而近喷射，使泡沫完全覆盖在燃烧液面上；如在容器内燃烧，应将泡沫射向容器的内壁，使泡沫沿着内壁流淌，逐步覆盖着火液面。

切忌直接对准液面喷射，以免由于射流的冲击，将燃烧的液体冲散或冲出容器，扩大燃烧范围。在扑救固体物质火灾时，应将射流对准燃烧最猛烈处。

灭火时随着有效喷射距离的缩短，使用者应逐渐向燃烧区靠近，并始终将泡沫喷在燃烧物上，直到扑灭。使用时，灭火器应始终保持倒置状态，否则会中断喷射。

手提式泡沫灭火器存放应选择干燥、阴凉、通风、取用方便之处，不可靠近高温或可能受到曝晒的地方，以防止碳酸分解而失效；冬季要采取防冻措施，以防止冻结；并应经常擦除灰尘，疏通喷嘴，使之保持通畅。

（2）推车式泡沫灭火器。推轼泡沫灭火器适用火灾与手提式泡沫灭火器相同。

在使用时，一般由两人操作，先将灭火器迅速推拉到火场，在距离着火点 10 米左右处停下，由一人施放喷射软管后，双手紧握喷枪并对准燃烧处；另一人则先逆时针方向转动手轮，将螺杆升到最高位置，使瓶盖开足，然后将筒体向后倾倒，使拉杆触地，并将阀门手柄旋转 90 度，即可喷射泡沫进行灭火。如阀门装在喷枪处，则由负责操作喷枪者打开阀门。

灭火方法及注意事项与手提式泡沫灭火器基本相同，可以参照。由于该种灭火器的喷射距离远、连续喷射时间长，因而可充分发挥其优势，用来扑救较大面积的储槽或油罐车等处的初起火灾。

（3）空气泡沫灭火器。空气泡沫灭火器适用范围基本上与手提式泡沫灭火器相同。但空气泡沫灭火器还能扑救水溶性易燃、可燃液体的火灾，如醇、醚、酮等溶剂燃烧的初起火灾。

在使用时，可手提或肩扛灭火器迅速奔到火场，在距燃烧物 6 米左右处，拔出保险销，一手握住开启压把，另一手紧握喷枪，用力捏紧开启压把，打开密封或刺穿储气瓶密封片，空气泡沫即可从喷枪口喷出。灭火方法与手提式泡沫灭火器相同。

在使用空气泡沫灭火器时，应使灭火器始终保持直立状态，切勿颠倒或横卧使用，否则会中断喷射。同时，应一直紧握开启压把，不能松手，否则也会中断喷射。

（4）酸碱灭火器。酸碱灭火器适用于扑救 A 类物质燃烧的初起火灾，如木、织物、纸张等燃烧物的火灾。它不能用于扑救 B 类物质燃烧的火灾，也不能用于扑救 C 类可燃性气体或 D 类轻金属火灾。同时，也不能用于带电物体火灾的扑救。

在使用时，应手提筒体上部提环，迅速奔到着火地点。决不能将灭火器扛在背上，也不能过分倾斜，以防两种药液混合而提前喷射。在距离燃烧物6米左右处，即可将灭火器颠倒过来，并摇晃几次，使两种药液加快混合，一只手握住提环，另一只手抓住筒体下的底圈，将喷出的射流对准燃烧最猛烈处喷射。同时，随着喷射距离的缩减，使用人应向燃烧处推近。

（5）二氧化碳灭火器。在灭火时，只要将手提式二氧化碳灭火器提到或扛到火场，在距燃烧物5米左右处，放下灭火器，拔出保险销，一手握住喇叭筒根部的手柄，另一只手紧握启闭阀的压把。对没有喷射软管的二氧化碳灭火器，应把喇叭筒往上扳70～90°。在使用时，不能直接用手抓住喇叭筒外壁或金属连线管，防止手被冻伤。在灭火时，当可燃液体呈流淌状燃烧时，使用者将二氧化碳灭火器的喷流由近而远向火焰喷射。

如果可燃液体在容器内燃烧，使用者应将喇叭筒提起，从容器的一侧上部向燃烧的容器中喷射。但不能用二氧化碳射流直接冲击可燃液面，以防止将可燃液体冲出容器而扩大火势，造成灭火困难。

推车式二氧化碳灭火器一般由两人操作，使用时两人一起将灭火器推或拉到燃烧处，在离燃烧物10米左右停下。一人快速取下喇叭筒并展开喷射软管后，握住喇叭筒根部的手柄；另一人快速按逆时针方向旋动手轮，并开到最大位置。灭火方法与手提式二氧化碳灭火器的方法一样。

在使用二氧化碳灭火器时，在室外使用的，应选择在上风方向喷射；在室外窄小空间使用的，灭火后操作者应迅速离开，以防窒息。

（6）MP型手提式泡沫灭火器。MP型手提式泡沫灭火器主要由

147

筒体、器盖、瓶胆和喷嘴等组成。筒体内装碱性溶液，瓶胆内装酸性溶液，瓶胆用瓶盖盖上，以防酸性溶液蒸发或因震荡溅出而与碱性溶液混合。在使用灭火器时，应一手握提环，一手抓底部，把灭火器颠倒过来，轻轻抖动几下，对火喷射。

（7）1211手提式灭火器。在使用1211手提式灭火器时，应手提灭火器的提把或肩扛灭火器带到火场。在距燃烧处5米左右处，放下灭火器，先拔出保险销，一手握住开启把，另一手握在喷射软管前端的喷嘴处。如灭火器无喷射软管，可一手握住开启压把，另一手扶住灭火器底部的底圈部分。先将喷嘴对准燃烧处，用力握紧开启压把，使灭火器喷射。

当被扑救可燃烧液体呈现流淌状燃烧时，使用者应对准火焰根部左右扫射，向前快速推进，直至火焰全部扑灭。如果可燃液体在容器中燃烧，应对准火焰左右晃动扫射，当火焰被赶出容器时，喷射流跟着火焰扫射，直至把火焰全部扑灭。但应注意，不能将喷流直接喷射在燃烧液面上，防止灭火剂的冲力将可燃液体冲出容器而扩大火势，造成灭火困难。在扑救可燃性固体物质的初起火灾时，则将喷流对准燃烧最猛烈处喷射，当火焰被扑灭后，应及时采取措施，不让其复燃。

在使用1211手提式灭火器时，不能颠倒，也不能横卧，否则灭火剂不会喷出。另外，在室外使用时，应选择在上风方向喷射；在窄小的室内灭火时，灭火后操作者应迅速撤离，因1211灭火剂也有一定的毒性，以防对人体产生伤害。

（8）推车式1211灭火器。在使用推车式1211灭火器灭火时一般由两个人操作，先将灭火器推或拉到火场，在距燃烧处10米左右时停下。一人快速放开喷射软管，紧握喷枪，对准燃烧处；另一人则快速打开灭火器阀门。灭火方法与 *1211* 手提式灭火器相同。推车式灭火电器的维护要求与 *1211* 手提式灭火器相同。

（9）*1301* 灭火器。*1301* 灭火器的使用方法和适用范围与 *1211* 灭火器相同。但由于 *1301* 灭火剂喷出成雾状，在室外有风状态下使用时，其灭火能力没有 *1211* 灭火器高，因此更应在上风方向喷射。

（10）干粉灭火器。碳酸氢钠干粉灭火器适用于易燃、可燃液体、气体及带电设备的初起火灾；磷酸铵盐干粉灭火器除可用于上述几类火灾外，还可扑救固体类物质的初起火灾，但都不能扑救金属燃烧火灾。

在灭火时，可手提或肩扛灭火器快速奔赴火场，在距燃烧处 5 米左右时，放下灭火器。如在室外，应选择在上风方向喷射。使用的干粉灭火器若是外挂式储压式的，操作者应一手紧握喷枪，另一手提起储气瓶上的开启提环。如果储气瓶的开启是手轮式的，则向逆时针方向旋开，并旋到最高位置，随即提起灭火器。当干粉喷出后，迅速对准火焰的根部扫射。

使用的干粉灭火器若是内置式储气瓶的或者是储压式的，操作者应先将开启把上的保险销拔下，然后握住喷射软管前端喷嘴部，另一只手将开启压把压下，打开灭火器进行灭火。有喷射软管的灭火器或储压式灭火器在使用时，一只手应始终压下压把，不能放开，否则会中断喷射。

在使用干粉灭火器扑救可燃、易燃液体火灾时，应对准火焰腰部扫射，如果被扑救的液体火灾呈流淌状燃烧，应对准火焰根部由近而远，并左右扫射，直至把火焰全部扑灭。如果可燃液体在容器内燃烧，使用者应对准火焰根部左右晃动扫射，使喷射出的干粉流覆盖整个容器开口表面；当火焰被赶出容器时，使用者仍应继续喷射，直至将火焰全部扑灭。

在扑救容器内可燃液体火灾时，应注意不能将喷嘴直接对准液面喷射，防止喷流的冲击力使可燃液体溅出而扩大火势，造成灭火困难。如果当可燃液体在金属容器中燃烧时间过长，容器的壁温已高于扑救可燃液体的自燃点，此时极易造成灭火后再复燃的现象，若与泡沫类灭火器联用，则灭火效果更佳。

在使用磷酸铵盐干粉灭火器扑救固体可燃物火灾时，应对准燃烧最猛烈处喷射，并上下、左右扫射。如条件允许，使用者可提着灭火器沿着燃烧物的四周边走边喷，使干粉灭火剂均匀地喷在燃烧物的表面，直至将火焰全部扑灭。

（11）推车式干粉灭火器。推车式干粉灭火器的使用方法与手提式干粉灭火器的使用方法相同。

15. 教职员工消防安全岗位职责

（1）了解和掌握有关消防常识，熟记消防安全"四个能力"，认真执行学校消防安全管理制度，做好职责范围内的消防安全工作。

（2）积极参加消防知识学习培训，熟知"三懂三会"具体内容：懂火灾危险性；懂预防火灾的措施；懂扑救火灾的方法。会使用消防器材；会扑灭初起火灾；会报火警。

（3）爱护各类消防器材、设施，不随意挪用消防器材，不乱堆杂物而堵塞通道。

（4）严格遵守禁烟、禁火规定和动用明火申请制度。

（5）发生火灾及时报警，并服从命令，做到机智、勇敢、迅速地参加扑救。

（6）加强对管辖范围内人员的消防安全教育，增强全体学生的消防安全意识。

16．学校交通安全规章制度

为了保证学校交通安全工作顺利、持续、稳定地开展，应建立健全各项规章制度，形成全体人员共同遵守的工作规程。主要应制定以下几类规章制度：

（1）岗位责任制度。校长岗位责任制度，主要是确定对学生交通安全工作负直接责任的学校主管领导和其他直接责任人员的责任；政教处、教导处、团队和学生组织等部门，以及各年级、各班级的岗位责任制，主要是确定有关负责人和有关人员对交通安全工作的责任。

（2）学习培训制度。主要是确定学校交通安全教育工作的施教者事前参加有关交通安全知识学习培训的规程，这一制度是学校交通安全工作的质量和效果的主要保证。

（3）随机教育制度。主要是针对学生交通活动的多样性、动态性，确定学生交通安全教育适合这一特征，随学生交通活动开展交通安全

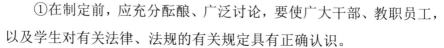

教育，保障交通安全教育随时到位。

（4）检查评价制度。有本学校的自我检查评价制度和上级对下级的检查评价制度。在上级对下级的检查评价制度中，有学校对政教处、教导处、团队和学生组织等部门及各年级、各班级的检查评价制度。检查评价制度主要是确定本学校自我交通安全工作的判断或上级对下级交通安全工作的判断，是学校交通安全工作完成任务、实现目的的保障。

（5）在制定学校交通安全工作规章制度时，应注意以下几个问题：

①在制定前，应充分酝酿、广泛讨论，要使广大干部、教职员工，以及学生对有关法律、法规的有关规定具有正确认识。

②要把上级的有关指示精神同本学校的实际情况结合起来，做到既符合工作要求，又切合实际。

③要充分发扬民主，让制度的内容成为广大干部、教职员工和学生的共同意志，要避免由个别人或少数人包办代替。

④制定的条文应力求简明、具体，便于记忆、执行和检查。

⑤制度制定后，要公之于众，以便相互监督，共同遵守，落到实处。

⑥在制度的执行过程中，随着形势和情况的发展变化，还要及时修改、补充。

第四章

学校安全文化的管理

1. 校园安全管理的意义

学校教育是主导政治民主、经济发展、社会繁荣的力量；学校是百年树人的园地，只有安全的校园，师生才能专心地教与学。在校园里所发生的伤害，不仅影响个人安全，也会阻碍教学过程，进而影响学校本身及邻近社区的安全。

"没有安全的学校，就不可能有好的教育质量"。因此，如何防范意外事件的发生，使学校、社会能在安全中求稳定，在稳定中求进步与发展，已是当前刻不容缓的工作。为了防范未然，力求在教育环境设施上达到准确的安全境地，以确保人、事、时、地、物的安全无虞，进行事前的安全检查成为最基本的必要措施。因此，所谓校园安全管理，乃是针对中小学教学活动所需的各项设施、场所、器材设备等项目，以及各种活动实施定期或不定期的检查，采取适当的措施，随时予以改善，以使校园安全及灾害事件和其所造成的伤害减至最低，从而提升教育品质，奠定幸福安全的基础。

影响公共安全的因素很多，包括自然灾害，如风灾、水灾、地震等，以及人为灾害，如火灾、网络诈骗、校园暴力、食物中毒等。各项灾害又具不确定性、复杂性、时机迫切和资讯不全四个特点，因此其对公共安全所带来的威胁，是众人难以想象的。而在学校方面，因为相关人员缺乏处理意外事件的经验，故急需建立安全管理制度；师生对人为的失误而造成的事故或自然灾害认识不够，当发生重大意外灾害时，依赖其他机构的专业判断，如此才能对校园安全管理多一分的依赖和信任，因此校园安全管理对于当前学校教育来说，具有相当重要的意义。

2. 校园安全管理的原则

依法行政原则

一切行政行为均应受法律之规范、约束与支配。学校秉持行政中立原则，依据法令程序，公正执行职务，提升行政效率、行政效能、执行管控等，落实校园安全管理。

防范未然原则

学校是学生生活的重心，也是良好的育人场所。因此，应该秉持"凡事预则立，不预则废""预防胜于补救"的理念，对可能发生危险的人、事、物等因素，妥善规划，在事前就进行评估、推测、检查与预防，以避免遗憾的事情发生。

尊重人性原则

学校教育的对象是"人"，学校一切安全管理的设施，皆应尊重人性需求，以学生健全人格的发展为重要的考虑因素，提供安全无障碍的学习环境，是校园安全管理的重要任务。

科技整合原则

时代进步，科技发展日新月异，校园安全管理自应依据科学原则，进行系统性的整体规划。尤其时值资讯时代，科技的运用相当普遍，结合电脑作为校园安全管理的"活页笔记",应以校园安全各项因素的变异性需要,进行有效管理,乃是刻不容缓的事。

共同参与原则

校园安全管理,是结合许多人力、物力,配合时间、空间运作的一个复杂历程,非一人一事、一时一日所能单独完成的,必须结合众人的智慧,在全面性参与的基础上,由教育行政人员、学校行政人员、建筑师、教师、学生、社区人员等,分别贡献心力,共同来完成,发挥最大功效,确保校园安全。

分层负责原则

为因应学校组织科层化的体制,发挥学校行政管理的功能,建立分层负责的行政组织,是保证安全管理制度有效运作的途径,透过诸事皆有专职人员的管理,并建立逐级负责检核制度,方可完成校园安全管理的任务。

联系沟通原则

校园安全管理需要发挥群策群力的集体智慧,因此各个分层负责的工作群之间,必须要有密切的协调与沟通,才能使计划、执行、考核的进程联结为坚固而灵活的安全管理体系,确保学习活动能够在安全无碍的情境中顺利进行,以创造最高的教育品质。

主动积极原则

校园危机的产生,以缺乏危机意识,人为造成的疏忽、漠视为主要原因。因此,应该彻底改变"好逸恶劳"的因循心态,养成"主动积极"的工作态度,建立校园安全管理的"天网",以制危机之先,有效发挥安全管理的机动功能。

整体持续原则

学校物质环境已由传统简陋、局部性，迈向现代化、人性化、多样化、生活化、学习化、开放性、安全性、整体性的革新取向。因此，校园安全管理的理念也应该与时俱进，以全方位的整体观念来取代单层面、临时性的安全维护措施，持续性的随时侦测校安因素，并且谋求妥善的处理与防范。

教育训练原则

全方位校园安全管理系统的基础，应该建立在全体师生正确的使用设施、爱护设施，以及健康的危机意识与充足的应变知能之上。因此，利用各种相关的课程、活动的机会、偶发的状况、设计的情境，来指导、训练学生，更是不可或缺的当务之急。

把握时效原则

灾难与危机的发生，常常是人力所无法掌控的，虽然在事前可以把握时机防范未然，但是仍有"不测风云"与"旦夕祸福"，因此在校安事件发生后，为了降低损害程度与后遗症，相关人员应该切实掌握时效，冷静、快速、妥善、圆满地处理与解决，以免情况持续恶化。

3．校园安全管理的范围

校园安全管理的范围依管理性质与管理对象的特性可区分如下：

一般建筑及设备安全管理

（1）校园建筑管理。

学校是众多学生聚集、活动与学习的重要场所，而学生的安全维护更是一项重要的公共责任，建筑物的安全直接关系学生生命的安危，间接影响社会秩序的维持。学校内的一些硬体设施，若没有做好安全防护及检查，很容易造成伤害事件。因此，学校建筑的规划设计、施工品质、保养维护就成为安全管理相当重要的课题。

（2）消防安全管理。

火灾事件严重地威胁人民的生命财产安全，因此有关防火的人员组训、警示设备、灭火设备、逃生设备、电器线路之安全、危险物品管制、维护保养等项目，就成了校园安全管理的重要范畴。

（3）水电设备管理。

水电是支援校园各项设备运行的重要的基本设备，其设置与管理情况，直接关系到学生生命与学校财产的安全，间接影响教学的效果。因此，对水电设备的设计、安装、使用与维护保养等，成为校园安全管理的重要项目之一。

（4）天然灾害管理。

自然界本就充满着不可预知的破坏力量，如风灾、水灾、地震等，常会带给人类无法预测的灾难。学校既然是学生成长的摇篮，是以对天然灾害采取有效的防范措施，将可减少生命与财产的损失。因此，建立天然灾害安全防护组织，进行硬体设备的检视、保养与修护，执行教育训练与灾害查报等措施，是校园安全管理的重要课题。

（5）运动及游戏器材管理。

运动是教育的重要面向，游戏则是常被采用的教育方式之一。特别是在各种非正式的课程中，各项运动和游戏设施与器材就是满足与支援各类教育活动与需求的工具。因此,运动及游戏器材的设计、安装、使用、维护、保养等，均与学生安全息息相关，成为校园安全管理的重要范围之一。

（6）教学设备管理。

"工欲善其事，必先利其器。"教学设备乃是学校教学活动进行的重要工具，直接影响教学效果。教室基本设备、专科教室的特殊设备、重要器材的维护与管理等，都是学校安全管理所不能忽视的。

教学及校园生活安全管理

（1）一般教学安全管理。

提及安全管理职责，一般多会归责于学校的行政团队，但实际上应在教学工作中制定校园突发事件应急处理预案，使所有的教师兼具安全管理的危机意识与素养。一般教学情境中必须兼顾学生生理及心理的安顿，使之能安心于学习活动，故提供教师在面临学生常规问题、突发性情绪失控、学生生理的疾病、紧急性的天然灾害等危机处理先备知识，以提升面对突发状况的应变能力，是教学安全管理上不可疏忽的课题，也是教学成功的基础。

（2）实验安全管理。

学校实验室是教育过程中训练学生正确实验操作的场所，常备置各种实验过程所需的药品、器具，尤其是化学药品的使用，几乎不可避免。因此，培养正确的操作管理习惯、妥善处理实验过程中的废气（液）及废弃物，以确保师生身心健康及安全，这是实验室管理最重要的课题。

（3）游泳安全管理。

为了确保学生游泳运动的安全，对于游泳池设施的管理与维护、相关安全设施的设置与检视、入水前后的准备与检讨等，都是校园安全管理的重要范围。

（4）校外教学安全管理。

"校外教学"是正常教学活动重要的一环，为了拓展学生的学习领域，充实学生的学习经验，学校经常举办校外教学活动。因此，拟定计划，选定日期、地点，勘察路线，租用车辆，行前安全讲习，旅途中的安全维护与结束后的检讨等，都是相当重要的学校安全管理事项。

（5）嬉戏及运动安全管理。

若缺乏个人危机意识与良好的生活习惯，即使再舒适的校园环境也容易发生意外伤害事件；若不能提高对环境的觉察能力，校园中的意外伤害、运动伤害事件将层出不穷，故将个人应注意却不注意而易产生的意外伤害提出，以降低校园意外伤害及运动伤害，可以增进师生对环境的觉知能力。

（6）交通安全管理。

随着经济的蓬勃发展，我国拥有汽车、机动车的人数日益增多；上放学时，学校附近车辆骤增，车辆、行人过于拥挤与混杂，稍有疏忽，容易发生事故。因此，有关交通安全教育的规划、交通安全教育的执行、相关设施的设置、相关装备器材的使用与保养等，就成了校园安全管理的重要工作之一。

（7）饮食卫生安全管理。

影响学校学生饮食卫生与安全的因素，不外乎餐饮调理过程、厨房与餐厅的卫生管理、厨房工作人员的卫生习惯与训练管理等。无论是学校自制午餐，还是学生自备午餐，都需要加以适当的安全管理，确保饮食安全与卫生。因此，对于厨房设施的规划、购置、安装、使用、管理、维护与保养，餐食的食谱设计、采购、供应、检验、验收、洗涤、烹煮、饮食水源、水管配装、贮水设备与供应，餐盒放置场所的管理，餐盒之订购、运送、供应与检验等，都是校园安全管理不可或缺的工作。

（8）校园公共卫生安全管理。

校园是学生的主要活动场所，同时也是开放的公众场所，因此校园环境管理日益重要。随时检测校园环境的卫生整洁，以减少传染的发生，是不可或缺的环境议题。

（9）校园门禁安全管理。

校园是学生学习活动的主要场所，保证学生在校期间的安全是非常必要的。若因学校门禁管制的疏漏，外人擅自闯入，甚至是不良分子、精神异常的人滋生事端，发生如恐吓、勒索、猥亵、伤害等事件，令人忧心忡忡。因中小学的学生本身防范歹徒侵扰的能力不足，更需要学校加强门禁管制、建立校园巡逻制度、设置隔离措施、实行人车分道，以透视死角、消灭死角，确保学生在校时的安全，使学习活动能顺利地进行，创造高品质的教育效果。

4．校园安全管理的时机

校园安全管理的范围很广，目的是要维护学校的人、事、时、地、物等方面的安全；换言之，就是要提供一个安稳的、无障碍的学习环境，让学生能够快快乐乐的学习、健健康康的成长。那么到底什么时候进行安全管理较为适当呢？现将校园安全管理的时机，简要叙述如下：

平时持续的安全管理

校园水电设备、交通安全、饮食卫生、性骚扰与性侵害防范、暴力防范、公共卫生等，只要学生在学校活动，这些都是不能忽视的安全管理事项。而学校社区化，放学后的学校成为社区居民的运动休闲空间。进入学校的人员庞杂，间或有不法之徒进入校园，或偷窃、破坏、或侵犯落单学生，造成严重的问题。如何对放学后的校园进行安全维护也应特别注意。

教学活动进行的安全管理

各科教师及相关人员应在教学活动进行前，准备教材、教具，检视教学设施、教学环境，了解教材、教具是否可能使用？是否有危及学生身心安全的因素？活动进行时，应指导学生运用正确的操作方法；活动结束后，应该再检视各项器材、设施是否收拾妥当？是否复原与归位？各项设施器材若有损坏，应立即报修。此外，教学活动进行过程中应充分发挥教师的专业特长，提高师生间的良性互动，以便教学活动能安全有序进行。

寒暑假期间的安全管理

寒暑假期间，学校的教学活动较少，学校总务处及相关人员应在假期中全面检修学校建筑、消防设施、水电设备、运动游戏器材、教学设备等，以维持其完整与安全。

特殊情形的安全管理

飓风、水灾、火灾、地震等不可抗力发生时，必须特别加强安全管理的项目，事前有预警者，应进行妥善的防范措施，事后应进行检验和灾后重建工作；无预警状况者应发挥应变能力，以减少损害的程度。

5．校园安全的防范管理

学生在校内进行体育活动、集体活动和劳动时，在宿舍休息时，都可能发生意外。因此，加强自身防范，警惕各种影响人身安全的事故发生，对保护自我安全有非常重大的意义。

体育活动安全

（1）体育教师要讲清体育活动注意事项。

（2）活动课教师不得随意离开。

（3）学生不得在无人保护下做危险活动。

学校集会与集体活动安全

学校集会与集体活动可能发生的伤害：中暑、挤伤、跌伤、骨折、窒息、烧伤、脑震荡等。

（1）上下楼梯不要拥挤、应礼让慢行。

（2）不互相追逐打闹。

（3）不开无谓的可造成伤害的玩笑。

校内劳动安全

（1）严禁学生擦教室外窗玻璃。

（2）做清洁时，防止滑倒跌伤、玻璃划伤、钉子刺伤。

（3）严禁学生用湿布擦电器旋扭开关。

学生住宿安全

（1）不得允许非住宿人员入住宿舍。

（2）不得私自接用电器电线。

（3）不得在宿舍打闹。

（4）不得将贵重物品带入宿舍。

（5）不得在宿舍使用蜡烛。

6．校园安全管理的具体方法

为师生提供一个安全的学习环境，是学校责无旁贷的工作。至于如何进行校园安全管理呢？以下提出具体的做法，仅供参考。

了解相关法律常识

在校园学习过程中，学生应该了解与自身权益、行为规范有关的法律常识，而父母和教师只有了解、遵守与保护学生有关的法律法规，才能更有效地保护学生。

成立救援组织

每个学校都应该将保护学生的安全，当作第一要务。因此，每个学校都应该成立安全管理的组织，统筹推动各项安全保护的工作，进行各项防灾救护的教育训练与宣传，提高教职工及学生的防灾救护意识和技能。

在校园突发事件发生时，应该立即启动危机处理小组，进行各项防灾救护的紧急任务，以加速危机的处理与解除，减少生命与财产的损失。

编制处理流程

学校应该编制校园安全事件的处理程序，通过教育训练，提高全校师生处理突发事件的能力，以提升安全管理的成效。在平时，相关设施与教学设备的检修，必须缩短查报、请购、修护、验收的流程，使得使用者、管理者、查报者知道向哪个单位报告，了解如何填写修缮单、请购单，维修时要如何做好监督、维修后应如何验收检验等，以收安全管理时效。

校园突发事件发生时，必须有一套快速妥善的处理流程，使得发现者能够迅速反映校安状况，学校能够立即启动危机处理小组，做好分工，快速采取救援行动，积极掌控、处理、请求支援，以消除校园突发事件，并立即进行各种善后处理，迅速恢复校园秩序心安。

妥善事件处理

正确掌握校园安全事件预防和处理的基本常识、原则和方法，有效积极预防潜在性校园安全事件的征兆，及时把问题解决在萌芽阶段；面对突发事件，能冷静、积极应对，妥善处理，尽最大可能减少损失和危害。

因此，在校园安全事件发生前，通过演练、随机教学、研习等方式充实危机处理知能与强化处理意外事件的经验，平时不定期检核以减少意外事件发生的概率；安全事件发生时，马上启动紧急应变小组，以学生利益与生命安全为先之原则，依事件性质及考量主客观环境之情况，召开会议，协调工作，务必将伤害减到最低；校园安全事件发生后，依事件性质，针对当事人及相关事项做出必要的补救措施，适时开会检讨，汲取经验及教训。

争取有力支援

校园安全事件发生时，必须临危不乱，依据各种校园安全事件的处理与通报，沉着应变，妥善处理，主动请求权责单位或上级机关的支援与协助，千万不可隐匿不报，错失救援良机，以致损害程度扩大。

平时进行检核时，若有技术上的困难，可寻求相关部门帮助与支持；尤其是设备器材管理人员更应主动协助各处室及教师，检修各项设备器材。

学校师生必须熟悉校园安全管理的相关知识，才能防患于未然，消除不安全因素，确保学生平安健康的成长。

7．学校安全管理的实施措施

指导思想及工作目标

各学校应贯彻落实上级对学校安全工作的要求，牢固树立"以人为本"的教育理念，坚持"教育先行、预防为主、多方配合、责任到人"的原则，以"办人民满意的教育"为根本出发点，抓好各项安全制度、安全措施的落实，努力创建安全文明校园。

工作重点及要求

（1）教育先行，预防为主。

①学校安全教育以学生为主，同时对教职员工开展教育。学校安全教育包括以下内容：交通安全教育；游泳安全教育；消防安全教育；饮食卫生安全教育；用电用气安全教育；实验、实习及社会实践安全教育；校内及户外运动安全教育；网络安全教育；劳动及日常生活安全教育；其他方面的安全教育。

②学校应根据学生年龄特点、认知能力和法律行为能力，确定各年龄段安全教育目标，形成层次递进教育。

幼儿园安全教育应使幼儿初步学习处理日常生活中危急情况的办法，接受成人有关安全的提示，学会避开活动中可能出现的危险因素并保护自己。

小学安全教育应使学生初步树立安全观念，了解学校和日常生活中的基本安全知识，熟记常用的报警、援助电话，具备初步的分辨安全与危险的能力，掌握紧急状态下避险和自救的简便方法。加强交通法规教育，提倡步行上学，禁止未满12周岁的学生骑车上学。

初中安全教育应使学生树立安全观念，自觉遵守安全法规，保护公共安全设施；熟悉学校、家庭、社会中须知的安全知识，掌握事故发生后请求救助的基本途径，具备一定的危险判断能力和防范事故的能力。

高中及以上安全教育应使学生树立法治观念和社会公德意识，自觉维护公共安全，懂得运用法律法规保护自己的合法权益；掌握紧急状态下自救自护的基本方法，具备一定的抵御暴力侵害能力。

③学校应按照教育部要求，根据安全工作实际全面推进安全知识进课堂，落实计划、教材、课时、师资。

④学校应根据地域、环境、季节特点，利用活动类课程时间，每月定期对学生进行集中安全教育，并将安全教育渗透教学、社会实践、日常生活及各类大型活动。

⑤学校必须根据有关法规和布局状况，制定各种安全应急预案，并在公安、消防、防震救灾等部门的指导下，每学期至少组织师生进行一次防火、防洪、防地震等自然灾害的应急逃生、自救、互救演习，

提高师生安全防范能力。

⑥学校应抓住放假前、开学初、夏季来临、全国中小学生安全教育日、安全生产月、消防日、消防安全月、禁毒日等安全教育重要时段，充分利用校报、板报、橱窗、校园网、主题班会、讲座等各种宣传方式，有针对性地开展防盗、防抢、防骗、防火、防病、防溺水、防洪、防性侵等安全教育，并传授发生意外事故的自救、自护知识和基本技能。

⑦学校应加强对学生的心理健康教育,建立起学生心理健康档案，完善学生心理健康状况评定体系，帮助师生解决心理问题；学校应充分利用家长会、家访等形式，加强家校联系，取得家长对学生安全教育和监督的密切配合，并共同关注学生心理健康教育和心理障碍疏导工作，帮助学生克服心理压力，防止和减少学生因心理疾病而发生的他伤、自伤、自残事件。

⑧学校应加强师生法治与道德教育,开展预防未成年人犯罪工作。学校应与派出所、交警队等职能部门密切配合，加强对学生的法治教育，并以团队和少先队活动、班会、课堂等多种形式，教育学生遵纪守法，珍惜生命，尊重他人，互谅互让，互敬互爱，遇事不冲动，争做遵纪守法的好学生；学校应充分发挥法治副校长的作用，保证每学期到校至少作两次有针对性的法治报告。

⑨学校应加强校园网络安全管理教育，开展"绿色通道"建设，纠正师生不良的上网习惯，强化教育和严密监控有"网瘾"的学生，培养健全人格。

⑩学校应在每学期开学初组织教职工认真学习安全知识，观看安全教育片，对典型事例进行具体分析，从实际工作中总结经验教训，

强化安全意识,提高师德水平和道德修养,做到"警钟长鸣",常抓不懈,防患于未然。

(2)强化管理,健全制度,狠抓落实。

①学校安全工作责任制度。学校内部应层层建立安全责任制度,切实做到层层有目标、人人有责任、事事有人管,要充分发挥学校安全管理处(室)的作用。

②学校安全工作常规管理制度。学校应对教育教学工作的各个环节提出安全要求,并对校内安全防范重点环节和重点区域加强管理,预防和消除教学环境中存在的不安全隐患。

③学校安全巡查、检查制度。对重点部位要建立每日巡查制度,巡查内容要建档登记,发现隐患立即采取措施。安全检查工作要做到有计划、有步骤地进行,重点部位的检查每周不少于一次,其他部位的检查每季度不少于一次,年终进行全面检查。安全检查要认真填写检查记录,检查人员和被检查单位负责人要在记录上签名,并建立档案。对检查中发现的安全隐患,能及时改正的及时改正,一时难以改正的,应书面报告有关部门,并落实防范措施,防止事故的发生。

安全检查的内容应包括以下内容:

各种安全防范措施、制度的落实情况,安全隐患的整改情况;

安全设施、器材是否完好、有效,安全疏散通道、出口是否畅通;

值班室、消防控制室设施运行、记录隋况;

体育教学设施、试验设施、学校建筑、运动场地、供水用电设备、食品卫生、重大危险源等安全情况;

安全责任人、主管人、安全员的工作情况;

其他需要检查的内容。

⑤学校安全工作议事制度。学校要把安全工作列入重要议事日程,在年度工作安排中,有明确的安全工作目标、重点和措施,做到有计划、有布置、有保障、有检查、有总结、有评比,使安全管理工作与各项事业的发展相适应。学校每季度要至少研究一次安全工作,确定阶段安全工作重点,督促落实安全隐患整改。

⑤学校安全应急预案制度。学校必须制定安全应急预案,包括教学楼紧急事故疏散预案、消防应急预案、学生大型集体活动安全预案、宿舍安全应急预案、教学和试验活动安全应急预案、食物中毒应急预案、礼堂及图书馆等建筑物倒塌应急预案、地震和汛期等自然灾害应急预案等,一旦发生事故能够有效应对、及时处置,把损失降到最低。

应急预案内容应包括以下内容:

组织机构:包括指挥长、副指挥长,行动组、通讯联系组、疏散引导组、安全防护救护组;

报警和接警处理程序;

应急疏散的组织程序和措施;

通讯联络、安全防护救护的程序和措施;

学校建筑结构应急疏散图、重点部位分布图、各指挥长及小组长和成员通讯联系表等附件。

学校根据自身条件和实际情况,定期对应急预案进行必要的实战演练,并结合单位实际,不断完善预案。

⑥学校安全隐患整改制度。对巡查、检查出的安全隐患应尽快整改消除隐患,对不能尽快整改的安全隐患,被检查单位在接到限期整改通知书后制定整改方案、限期整改,在规定的期限内完成并写出整改报告。逾期未整改合格的要追究相关领导、部门、人员的责任。

在安全隐患未消除之前，隐患单位应当落实防范措施，加大防范力度，确保不出事故。对不能保证安全的，应立即停止使用。对本部门无力解决的重大安全隐患，要提出解决方案并及时报告有关部门。鼓励师生对身边的安全隐患进行举报，一经查实，要对举报人进行表扬或奖励。主管部门应定期对重大安全隐患进行公示，同时实行挂账督办。

⑦学校安全信息反馈制度。

第一，坚持学校安全治安隐患排查整治月报制度。每月23日前，各学校将当月开展的日巡查、周检查及整治情况（包括：检查时间、人员、部位、排查出的问题，整治期限、责任人、措施、效果及意见建议等）认真总结、填写月报表（附后），归档并逐级上报。

第二，坚持学校安全典型人事月报制度。各学校要设安全信息员，负责搜集、整理、归档本校当月安全工作中的大事、要事、先进经验等典型事迹，并随"学校安全治安隐患排查整治月报表"逐级上报。

第三，坚持事故事件及时上报制度。学校发生一般安全事故，应在事故发生后的一日内，以书面形式将事故发生、处理情况报告教育局；学校发生师生伤亡、国家财产重大损失的重大、特大安全事故，群体性伤害事故及危及社会安定、影响青少年身心健康的重要事件，应在第一时间通过电话或传真等将简要情况报告教育局和当地人民政府，并在2小时内报告事故详细情况。

⑧学校安全档案管理制度。安全档案的建立、完善和管理，是安全管理工作的重要组成部分。学校应根据实际情况建立安全工作计划部署档案、消防档案、重点部位档案、易燃易爆危险品档案等。安全档案的管理工作，由学校安全管理处负责。安全档案应包括安全基本情况和安全管理情况。

安全基本情况应包括以下内容：

年度安全工作计划、部署，各种安全文件资料；

单位基本概况，重点部位情况；

安全责任人、管理人、安全员岗位职责；

各种安全制度；

各种安全设施、器材情况；

其他与安全有关的情况。

安全管理情况应包括以下内容：

安全设施、器材定期检查记录，维修保养的记录；

安全隐患及其整改情况的记录；

安全检查、巡查记录；

安全宣传教育培训记录；

安全情况、事件、事故及处理记录；

奖惩情况记录；

其他有关安全管理的情况。

⑨学校安全工作考核与奖惩制度。教育局、学校应将安全工作纳入年终考核、评比内容，对安全工作中成绩突出的部门和个人进行奖励、表彰。对未依法履行安全职责或违反单位安全制度，造成责任事故的，依照上级有关规定执行。

⑩门卫值班管理制度。中小学校、幼儿园要逐步实行专业保安负责制，暂时无条件聘用专业保安的要选用50岁以下身强力壮的男同志担任门卫。学校保安人员应坚持昼夜值班巡逻。学校要加强门卫的思想道德教育和业务能力培训，配备必要防范器材，使其能防偷、防盗，并具备一定的防暴、抗暴能力。学校要严格执行领导带班、教

师值班制度，做到昼夜巡逻、联系畅通。特别是在节假日、重大活动时，学校领导要轮流值班，对重大滋扰校园治安的事件，学校应立即向当地公安部门报告，并积极配合予以制止和处理。

门卫对出入人员要严格询问和登记，上课期间学生无正当理由不准出校，携带学校物品出校的必须经有关部门批准。非本校（园）学生和工作人员必须有完备的登记手续和正当的理由，且经学校主管领导同意后方可进入，对不能说明情况的、行迹可疑的人员严禁入校、入园。

门卫对进入学校（园）的车辆要严格审查登记，一般情况下禁止机动车辆进入校园。经同意进入校园的车辆必须要求其限速、限道行驶，在指定的地点停放。

门卫要禁止任何人将非教学所需的易燃易爆物品、有毒物品、动物、管制刀具和其他可能危及学校安全的物品带入校园。如有类似情况发生，安全主管部门必须予以收缴。

学校下课或放学时应安排教师在楼梯口、校门口进行安全疏导，避免因过于拥挤引发事故。有条件的学校应与公安交通部门协作，在临近街道与公路的学校门口，设置明显的警示标志，建立"绿色通道"。幼儿园应建立严格的交接班制度，推行持证接送幼儿制度，加强幼儿接送管理。不得将幼儿交给素不相识的人，不得将晚离园幼儿交传达室人员代管。

⑪学生宿舍安全管理制度。学生宿舍是人员密集场所，属于校园管理的重点内容，各寄宿制中小学校要建立严格的宿舍管理制度。学校不准将危房用作学生宿舍，不准随意改造宿舍建筑功能，堵塞、锁死门窗。学生宿舍必须要由专人负责，必须设值班室，24 小时有

人值班，值班人员要严格执行出入登记制度。各宿舍要设立安全员负责监督宿舍的安全情况。学生宿舍要符合消防要求，配齐消防器材，保持通道畅通。

宿舍内不准私接电线及使用电器、燃油炉、蜡烛等明火，不准带入、存放易燃易爆、有毒有害、管制刀具等危险物品。对于违规使用、存放的上述物品，由公寓管理部门会同保卫部门，予以代管、没收或上缴公安部门。学生宿舍一律不得留宿他人、不得饲养动物，不准将学生与社会闲杂人员混居。教师不得将异性学生单独留在宿舍进行谈话、辅导或帮助料理其他事务。

寄宿制学校坚决取缔煤炉取暖，防止发生煤气中毒事故；非寄宿制学校，严禁招收住校生。

严禁学校租用或变相租用当地民房作为学生宿舍。如有租用当地民房住宿的学生，学校要加强管理和监督，保证不出现安全事故。

学生宿舍每间要严格控制在8人以内。因条件限制，对宿舍超员不能及时整改的学校，要加强管理，制定并落实各种预防措施和应急预案，确保不发生安全事故。

学校应加强对住校教职工宿舍特别是女教职工宿舍的安全管理。

⑫消防安全管理制度。学校必须建立健全各种消防安全管理工作制度，规范学校消防安全管理工作。

学校应按规定在教室、实验室、图书馆、食堂、锅炉房、学生宿舍等人员密集的防火重点场所配齐配足消防器材，保证灭火器械规格正确、功能有效，并确定专人负责，定期检修，保证正常运转。有关管理人员必须熟悉使用灭火器等消防设施。学校应在师生密集场所设置人员疏散指示标志，保持安全疏散通道畅通。集中在楼房教学或开展夜间活动（包括上晚自习等）的学校，要有完好的照明设施和停电应急措施，要合理安排学生疏散顺序和时间并指导学生有序疏散，学生下课时要有教师值守，确保紧急情况下师生能安全撤离和疏散，防止发生踩踏伤害事故。

学校应加强电源、电器、电网及散热器的检查，防止因漏电或线路老化等隐患引发事故。

⑬食品卫生安全管理和疾病防控制度。学校要根据《中华人民共和国食品卫生法》《学校卫生工作条例》《学校食堂与学生集体用餐卫生管理规定》《餐饮业和集体用餐配送单位卫生规范》等法律法规，制定食品卫生安全管理制度。

学生食堂必须取得卫生许可证，从业人员必须持有效的健康证，并经有关卫生部门培训合格。学校要制订学校食堂管理人员和从业人员培训计划并定期组织培训。出现咳嗽、腹泻、发热、呕吐等症状或外伤性感染的，应立即离开工作岗位。对从业人员实行全方位管理，对有不良行为及思想倾向、精神异常现象的，要立即调离工作岗位。

学生食堂要严格食品物资采购、运输储藏、烹饪配餐、餐具卫生、保鲜留样、人员隔离等制度的落实。学校食堂要由专人负责饮食物资采购工作，坚持从正规单位、正当渠道、以正常价格采购，并落实索证制度。凡国家实行食品生产许可证的饮食物资，必须按国家有关规定执行。

学生食堂实行承包经营的，必须实行严格的公开招标制度，学校食堂要按照要求实行经营准入制度。要全面审核投标方的经营管理水平、技术水平、资金能力、资质信誉、从业人员素质及健康状况，并择优选定。要加强对承包经营者的管理，杜绝恶性竞争事件发生。

学校要积极配合食品卫生监督部门和教育局定期、不定期对学校炊事人员身体状况和食品卫生状况进行检查，对检查发现的问题应及时处理。

学校的食品、饮用水及提供给学生的教学用具必须符合安全卫生标准。

学校应严格按卫生部门要求做好疾病防控工作，按国家统一要求，组织学生使用预防药品。任何单位（团体）和个人不得以任何理由自行组织学生集体服用药品和保健品。学校应按照国家有关规定，逐步建立医务（保健）室，配备具有从业资格的专（兼）职医务人员、常用和急救药品器材，保障对常见病的治疗和突发公共卫生事件的及时救助。

学校要建立食品卫生校长负责制，设立专职或兼职食品卫生管理人员。

发生食物中毒事故，学校要及时上报并采取有效控制措施，组织抢救工作，竭力遏制食物中毒事态扩大；同时，要积极配合卫生行政部门进行食物中毒调查并保留现场。

学校应逐步实施对新生体检、定期体检制度，并建立学生健康档案，掌握学生身体情况。

⑭交通安全管理制度。加强师生用车、校车管理，司机、车辆必须证照规范、齐全。接送师生的校车必须由专人负责，并经常进行安全检查；任何学校和幼儿园不得使用超期报废和有安全隐患的车辆接送学生。组织学生外出考试、比赛、汇演、勤工俭学、实验、实习、参观、旅游等乘坐的车辆必须经交通管理部门检查、许可，并按规定运行。驾驶人员必须证照齐全，经验丰富。学校要在外出前采取多种

有效形式对师生进行交通安全教育、组织纪律教育、劳动安全教育等，并配备学校领导和足够的教师带队，必要时应办理相关保险手续，保证外出活动安全顺利。严禁学校租用农用车、拖拉机等不符合规定的交通工具组织师生外出活动。严禁组织师生前往不安全或安全措施落实不到位的地方。

积极配合公安交管部门，在学校门前道路设置交通警示标志、斑马线、上下学时段有交警疏导交通、建立临时停车位等。

⑮大型群众性活动安全管理制度。学校举办大型群众性活动，要向教育局、当地派出所、及本校安全管理处申报，对不符合安全要求的，责令其缓办、停办，并及时整改，整改合格后方可举办。主办单位应确定专人负责安全工作，事前对学生进行安全教育，对活动的场地、设施进行全面的安全检查并制定应急疏散预案，活动期间要有足够的安全保卫人员维护秩序，防止事故发生。举办较大型的群众性活动，要取得公安部门的支持。

学校不得组织学生参加商业性庆典、演出等其他活动，严禁组织学生参加超越其年龄、行为能力和自我保护能力范围以外的各类活动，如扑救各类火灾、防汛、防洪等。

学校校长有义务拒绝任何组织和个人要求学生参加没有安全保障的社会活动。

⑯重点部位安全管理制度。校内各安全重点部位（门卫、教室、食堂、宿舍、实验室、仪器室、财务室、微机室、多媒体教室、配电室、图书馆、阅览室、体育馆、礼堂等），应结合本单位情况，单独制定巡查、检查、消防等安全管理制度，明确安全责任人、安全管理人、岗位安全员，并报保卫部门备案。重点部位是安全管理的重中之重，

177

在落实常规化管理制度和措施的同时必须要做到：每日巡查、每月检查、安全设施和器材必须在位完好、档案详细、有细致可操作的应急预案。对要害部门和重点部位，学校要落实人防、物防和技防措施，有条件的学校应配备技术先进、质量可靠的监控设备，防止因管理不善发生失火、失窃、中毒等事故。

⑰易燃易爆、剧毒等危险物品管理制度。除教学、生活、工作所需外，校区不准生产、储存、使用、经营和运输易燃易爆危险物品。易燃易爆危险品的管理人员，须经过专项培训，经考试合格，方可上岗。

教学用危险品要有专用仓库或橱柜储存，实行双人双锁管理，并配备相应的消防等安全器材，制定防范措施落实专人负责，完备出入库手续。教学用危险品的领用，必须有两人以上，由领用人填写领用申请表，经单位第一责任人批准后方可领用，当天领用当天使用，并有详细的实验用量记录，由实验室主任签字备查。

学校不准将房屋、场地出租给他人从事影响教学秩序及师生安全的经营活动，尤其不准出租给他人从事易燃易爆、有毒、有害等危险品的生产储存及经营。

⑱教学场地、设施、器材及体育运动安全管理制度。

学校要对教室、运动场地、体育教学设施器材、教学实验用器材及教学场地和公共场地的桌椅、门窗、护栏、宣传橱窗、照明设施等进行经常性的检查，尤其是汛期要对教室、宿舍及其他建筑进行日巡视、周检查，及时发现隐患或隐情，果断采取应紧措施，立即报告主管教育行政部门或当地政府，严防事故发生。凡经县（区、市）以上教育、建设部门鉴定的危房（D级），学校应立即停止使用，对D

级以下危房应编制修缮和加固计划和方案报有关部门，尽快修缮或加固、翻新。因校舍改建、扩建、改变用途等引起荷载变化或超过设计年限的，学校应书面上报主管教育行政部门和城建部门，及时予以处理。凡未经质检部门验收合格的新校（园）舍一律不得使用。幼儿园楼上活动平台、二层及以上楼房窗户应加护栏、警示牌，加强对悬挂物、高处堆放物的管理。

体育器械、设备要牢固安全，危险的运动场地和器械要有警示标志、要有防护设施。体育运动教学、比赛必须向学生进行运动安全常识教育并加强安全保护，严防校园意外伤害事故发生。学校要根据学生健康档案，掌握有特异体质、心理疾患或其他异常情况的学生，对不适宜参加体育竞赛、军训及其他剧烈运动的学生，应告知并予以劝阻；有特异体质或疾病的学生，视其身体状况可拒绝参加体育运动。对这些学生的情况要及时与其监护人沟通，并注意特别关照以防发生意外，需要休学的应予以休学。对于残疾、体弱学生，学校应予以关照，根据女学生生理特点，在体力活动、室外活动时，视具体情况应予以关照，以防发生意外。

⑲校园周边治安环境综合治理工作制度。

学校要积极主动配合各有关综合治理部门做好学校周边治安综合治理工作，维护学校周边治安秩序。

教育局和学校要充分发挥"综合治理办公室"综合协调作用，凝聚各职能部门的力量，共同做好学校及周边治安秩序的维护和整治工作：第一，清理校园周边非法商业网点。取缔中小学周边 200 米以内的所有网吧和经营性娱乐场所；取缔校园门前 50 米内的流动商贩；对出售非法出版物的音像、书刊店进行限期整改或查封；搬迁影响学生上下学通行的周边占道市场。第二，搬迁校园周边危险站点。协调城管、消防等部门，搬迁学校周边不符合防火、防爆间距的加油站、液化气站及其他存储、销售易燃易爆化学物品的站点。第三，严厉打击校园及周边违法犯罪行为。配合公安部门加大校园及周边刑事、治安案件侦破和查处力度，坚决铲除校园周边的黑恶势力。

加强领导，健全组织，落实责任

（1）教育局为学校安全工作行政管理部门，依照有关法律法规、制度和上级主管部门的工作安排，组织对学校安全工作进行部署、督导、检查、评估、奖惩、学校重大安全事故协调指导处理等管理工作；负责建立健全安全工作制度，组织贯彻实施国家有关安全保卫工作的法律法规和规章。

（2）学校要积极贯彻落实国家及上级部门关于安全工作的法律、法规、各项方针政策和工作部署。制定和完善安全管理工作制度，落实安全工作责任，保障正常教学秩序，经常对师生进行安全教育。提高安全意识和防范能力，及时排除安全隐患，防止安全事故发生并及时稳妥处理安全事故。

（3）各镇（乡、区）中心校成立学校安全工作领导小组，中心校长任组长，吸收相关人员为成员。明确1名副职主抓安全工作，并配备1名专职安全员。

（4）各级各类学校要成立安全工作领导小组，校长担任组长，对本校安全工作负总责，吸收相关人员为成员；主管安全工作的副校长负直接责任，各业务处室及分管副校长对与本处室业务相关的安全工作负直接责任。

（5）市直属高中（职业学校、进修学校）、初中、小学、幼儿园

要明确 *1* 名副校长主抓安全工作，并成立学校安全管理处，设主任 *1* 名，配备工作人员 *2* ～ *3* 名。

（6）乡镇初中及民办高中、初中明确 *1* 名副校长主抓安全工作，成立学校安全管理处，设主任 *1* 名，配备工作人员 *1* ～ *2* 名。

（7）农村小学、幼儿园明确 *1* 名班子成员主抓学校安全工作，配备 *1* 名安全管理人员。

（8）各级各类学校在处室和年级设安全员，在重点部位和岗位设岗位安全员。学校要明确安全员工作职责，严格管理。

（9）各级各类学校要完善安全工作与业务工作相统一的"一岗双责"工作机制，同时要将学校每个岗位的安全责任进行细化、分解、落实到每个教职工、每项工作、每个环节当中，真正构建起学校安全工作立体管理网络，使各种安全隐患无藏身之处。

8. 学生网络安全教育管理

网络的基本知识

WWW 简介、发展和特点如下：

WWW 是 world、wide、web 的缩写，也可以简称为 Web，中文名字为"万维网"。它产生 *1989* 年 *3* 月，由欧洲量子物理实验室所发展出来的主从结构分布式超媒体系统。通过万维网，人们只要通过使用简单的方法，就可以很迅速方便地取得丰富的信息资料。

由于用户在通过 Web 浏览器访问信息资源的过程中，无需再关心一些技术性的细节，而且界面非常友好。因而，Web 在 Internet 上一推出就受到了热烈的欢迎，走红全球，并迅速得到了爆炸性的发展。

长期以来，人们只是通过传统的媒体（如电视、报纸、杂志和广播等）获得信息。但随着计算机网络的发展，人们想要获取信息，已不再满足于传统媒体那种单方面传输和获取的方式，而希望有一种主观的选择性。现在，网络上提供各种类别的数据库系统，如文献期刊、产业信息、气象信息、论文检索等。由于计算机网络的发展，信息的获取变得非常及时、迅速和便捷。

到了 1993 年，WWW 的技术有了突破性的进展。它解决了远程信息服务中的文字显示、数据连接及图像传递的问题，使得 WWW 成为 Internet 上最为流行的信息传播方式。

1994 年 4 月，中科院计算机网络信息中心（CNIC）正式接入 Internet 网；1997 年 4 月，CHINAGBN、CERNET、CSTNET 网之间已实现了互联。

现在，Web 服务器成为 Irdernet 上最大的计算机群。Web 文档之多、链接的网络之广，令人难以想象。可以说，web 为 Internet 的普及迈出了开创性的一步，是 Internet 上取得的最激动人心的成就。

国家对中小学普及信息技术教育高度重视，在我们的城市和经济发达地区，教育网、教育局域网和校园网可以说是发展得非常快，信息技术课在大面积快速普及，网络正在以前所未有的速度进入中小学校园，进入中小学生的教室。在广大农村地区，国家从 2003 年开始，实施农村中小学现代远程教育工程，致力于构建一个遍及全国农村中小学的现代远程教育网络，实现优质教育资源共享，提高农村教育的质量和效益。应该说，信息技术的普及，正在深刻地影响着和改变着教师的教学方式、学生的学习方式和学校的管理方式。网络正在逐步成为中小学生获取知识，获取信息的一个重要渠道，当然也给中小学生的思想道德教育工作提出了新的要求。

网络对学生的影响

由于中学生身心发展的不成熟性、网络的特殊性和网络发展的不完善性，我们在看到网络给中学生带来正面影响的同时，也应该看到它的消极影响，并给予足够的重视。

（1）网络对学生的正面影响。

①开拓了青少年新视野，提供了学习的新渠道。

互联网是一个信息极其丰富的百科全书式的世界。信息量大，信息交流速度快，自由度强，实现了全球信息共享。学生在网上可以随意获得自己的需求，在网上浏览世界、认识世界，了解世界最新的新闻信息、科技动态，极大地拓宽了学生的视野，给学习、生活带来了巨大的便利和乐趣。

②加强了对外交流，提高了学生的交流能力。

网络是一个虚拟的世界，在这个世界里，每一名成员可以超越时空的限制，十分方便地与相识或不相识的人进行联系和交流，共同讨论感兴趣的话题，由于网络交流的"虚拟"性，避免了人们当面交流时的摩擦与伤害，从而为人们情感需求的满足和信息获取提供了崭新的交流场所。学生上网可以进一步扩展对外交流的时空领域，实现交流、交友的自由化。此外，现在的学生以独生子女居多，从心理上说是最渴望与人交往的。现实生活中的交往可能会给他们特别是性格内向的人带来压力，而网络给了他们一个新的交往空间和相对宽松、

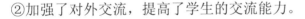

平等的环境。在网络上，可以培养他们和各种各样的人交流的能力。

③促进了学生个性化发展。

世界是丰富多彩的，人的发展也应该是丰富多彩的。互联网为此提供了无限多样的发展机会和环境。学生可以在网上找到自己的发展方向，也可以得到发展的资源和动力。利用互联网可以学习、研究乃至创新，这样的学习是最有效率的学习。网上可供学习的内容丰富，这为学生进行大跨度的联想和想象提供了十分丰富的资源，为创造性思维的培养不断输送养料，能在一定程度上强化学生的逻辑思维能力。

（2）网络对学生的负面影响。

①对学生"三观"的形成构成潜在威胁。

学生很容易在网络上接触到西方国家的宣传论调、文化思想等，使其思想处于极度矛盾、混乱中，其人生观、价值观极易发生变化，从而滋生享乐主义、拜金主义等不良思潮。

网络是一个信息"宝库"，也是一个信息的"垃圾场"。网上各种信息良莠并存，真假难辨，各种负面信息屡见不鲜。同时，网络的互动性与平等性，又使得人们可以在一个相对自由的环境下接收和传播信息。一些不良信息对于身体、心理正处于发育期，是非辨别能力、自我控制能力和选择能力都比较弱的学生来说，难以抵挡不良信息的负面影响。

②网络改变了学生在生活中的人际关系及生活方式。

学生在网上公开、坦白地发表观点、意见，要求平等对话，对学生工作者的权威提出了挑战，使教育工作的效果往往不能达到预期。同时，上网容易使青少年形成一种以自我为中心的生活方式，集体意识淡薄，个人自由主义思潮泛滥。

互联网上信息接收和传播的隐蔽性，使学生在网络上极易放纵自己的行为，完全按照自己的意愿做事，缺乏社会责任意识。

网络可以即时传送文字、声音、图像，为学生人际交往提供多媒体化、互动性的立体途径。网上收发电子邮件方便、快捷，网上讨论自由、广泛，学生通过网络可以与许多互不相识的人交谈、来往，互相倾诉。但是，这种社会化只是一种虚拟的社会化，人与人之间的交往存在机器的阻隔，是一种人、机、符号形式的交往。这种形式的交往去除了互动双方的诸多社会属性，带有"去社会化"的特征，与真实社会情境中的社会化相差甚远。而且，在网络上学生与家长、亲戚朋友、教师等的社会互动较少，代际间的学习、互动明显不足。

③信息垃圾弱化了青少年的思想道德意识。

互联网信息极大地丰富了学生的精神世界，但是由于信息传播的任意性，形形色色的思潮、观念也充斥其中，对于自我监控能力不强、极富好奇心的学生具有极大的诱惑力，导致思想道德意识弱化。部分学生认为"在网上做什么都可以毫无顾忌"，使得学生对自我行为的约束力大大减弱，网上不良信息逐渐增多。

（3）网络信息安全教育刻不容缓。

互联网给学生带来的负面影响已引起我国社会各界的广泛关注，因此，网络信息安全教育的行动不仅重要，而且十分迫切。具体可以从以下几个方面着手：

①切实加强对学生的网络安全知识教育。要求中小学将网络安全知识纳入计算机教育课程，增强中小学生的安全防范意识。

②加强校园网络文明宣传教育。各中小学要充分利用校会、班会、板报、征文等形式在学校开展网络安全的讨论活动，让学生自己发现

其中的危害，自觉抵制不良信息，积极引导青少年健康上网。加强教师队伍建设，使每一位教育工作者都能掌握网络知识，遵守网络道德，通过课堂教学和课外活动，有针对性地对学生进行网络道德与网络安全教育。学校在普及信息技术教育和开展现代远程教育时，不仅要加强在教育、教学当中的应用，更要重视学生面对现代网络环境的价值观、道德观和法律意识的培养，引导学生树立正确的上网意识，培养健康的人格。

③深入开展《全国青少年网络文明公约》学习宣传活动。教育学生要善于网上学习，不浏览不良信息；要诚实友好交流，不侮辱欺诈他人；要增强自我保护意识，不随意与网友见面；要维护网络安全，不破坏网络秩序；要有益身心健康，不沉溺网络游戏。引导学生参与网上活动，完善自我教育。

④召开家长会，让家长了解网络的一些危害，提高家长的防范意识，请家长协助监督学生课余生活，并要求家长严格限制学生上网时间、访问站点，避免学生沉溺于游戏和接受不良信息。

⑤相关部门加大对网吧的治理力度。把学校周边环境综合治理作为一项经常性的工作来抓，定期联合相关部门，加大对网吧整治和管理力度，杜绝未成年人进入网吧，延长学校网络教室开放时间，满足学生的上网要求。

另外，政府应加强对网站的管理。出台专门针对网络犯罪的法律，以法治网。建立适合中学生的绿色网站，占领网络前沿。

学校要提高学生抵制不良信息的能力，要加强学校管理和安全文明校园建设，营造有利于学生健康成长的良好氛围。要注重对学生进行价值观教育，增强中小学生的道德判断能力，使学生能够学会正确识别是非真假的能力，主动吸纳那些对自己身心发展有利的信息。学校要对学生加强法治教育和网络责任感教育，使学生了解网络的积极作用，明确上网的目的，自觉抵制不良信息的诱惑，自觉规范网上行为。通过在校园网中提供丰富的学生关心、喜闻乐见、有利于他们学习和健康成长的信息，来拓宽学生的视野，通过倡导学生共同参与校园文化建设，组织丰富多彩的活动，提高学生有效使用网络的能力。

网络交往安全

（1）网络交往的特点。

网络的发展引起了整个社会生产与生活方式的变化。从人际交往关系来看，网络赋予了人的社会交往及其关系、结构以新的内涵。从时间和空间上改变了传统的社会交往和人际沟通的方式，形成许多独特的观念、准则。

网络提供了人际交往的特殊空间。正是这种特殊性，决定了网上人际交往不同于现实社会生活的新特点。把握这些新特点，有助于人们正确、健康地扩大交往空间，建立新的人际交往关系。相对于传统社会而言，网络人际交往具有以下基本特点：

开放性与多元性。网络化的交往超越了时空限制，消除了"这里"和"那里"的界限，拓展了人际交往和人际关系，使人际关系更具开放性。"电子社区"的诞生，使得居住在不同地方的人，都可以"在一起"交往和娱乐。同时，交往范围的不断扩大，必然会使人们的各种社会关系向多元化和复杂化方向发展。

自主性与随意性。网络中的每一个成员可以最大限度地参与信息的制造和传播，这就使网络成员几乎没有外在约束，而更多地具有自主性。同时，网络是基于资源共享、互惠互利的目的建立起来的。

网民有权利决定自己干什么、怎样干，但由于缺乏必要的约束机制，网民必须"自己管理自己"，因此有的人会在网上放纵自己、任意说谎、伤害他人；有的人甚至会扮演多种角色，在网上与他人进行交往，从而造成网上交往极大的随意性。

间接性与广泛性。网络改变了人际交往方式，突出的一点，就是它使人与人面对面、互动式的交流变成了人与机器之间的交流，带有明显的间接性。这种间接性也决定了网络交流的广泛性。过去，时空局限一直是人们进行更广泛交往的主要障碍，而在网络社会，这一障碍已不复存在，在网上可以与任何人直接"对话"。

非现实性与匿名性。网络社会的人际交往和人际关系的定义，已经突破了传统人际交往和人际关系的内涵。在网上，一般不发生面对面的直接接触，这就使得网络人际交往比较容易突破年龄、性别、相貌、健康状况、社会地位、身份、背景等传统因素的制约。部分网民在网上交际时，经常扮演与自己实际身份和性格特点相差十分悬殊甚至截然相反的虚拟角色。在这种情况下，很多网民往往会面临网上网下判若两人的角色差异和角色冲突，极易出现心理危机，甚至产生双重或多重人格障碍。

平等性。由于网络没有中心，没有直接的领导和管理结构；没有等级和特权，每个网民都有可能成为中心。因此，人与人之间的联系和交往趋于平等，个体的平等意识和权利意识也进一步加强。人们可以利用网络所特有的交互功能，互相交流、制造和使用各种信息资源，进行人际沟通。

失范性。网络世界的发展，开拓了人际交往的新领域，也形成相应的规范。除了一些技术性规则（如文件传输协议、互联协议等），网络行为同其他社会行为一样，也需要道德规范和原则，因此出现了一些基本的"乡规民约"，如电子函件使用的语言格式、在线交谈应有的礼仪等。但从现有情况来看，大多数网络规则仅仅限于伦理道德，而用于约束网络人际交往具体行为的规范尚不健全，且缺乏可操作性和有效的控制手段。这就容易造成网络传播的无序和失范。事实上，网络社会充满竞争、冲突，有时还会发生犯罪行为这就需要有一定的社会道德、法律规范来调整网络人际关系，以维护正常的网络秩序。

人际情感的疏远。网络的全球性和发达的信息传递手段，使人与人之间的交往没有了空间障碍，同时也使现实社会中人与人之间的情感更加疏远。虽然网上虚拟交往可以帮助人们解脱一时的现实烦恼，找到一时的寄托，却不能真正满足活生生的人的情感需要，而有些人由于过分沉溺于虚拟的世界，往往会对现实生活产生更大的疏离感。

信任危机。网络虚拟化的人际交往方式，使得许多网民往往抱着游戏的心态参与网上交往，致使网上产生信任危机。与此同时，一些网民在现实生活中遇到挫折时，又会采取"宁信机，不信人"的态度，沉溺于"虚拟时空"，不愿直面现实生活。

网络是一把"双刃剑"，它既可以为人们带来便捷、高质量的社会生活，也会造成巨大的负面效应。这就提出了一个问题：如何处理和调适网上人际关系？

解决这一问题，需要综合考察科学技术与生产力、人与社会等因素，把克服技术负效应与克服人自身的局限同时并举。

第一，确立具有普遍意义的网络人际交往规范，既要保持网络运行的自由、通畅，又要防止交往者彼此之间的行为越轨，造成过度侵害；

第二，加强网络伦理建设，对网络技术给予更多的道德关怀，不应听任信息社会的道德无序；

第三，制定、完善维系网络人际交往秩序的相关法规，打击网络犯罪；

第四，加强对计算机介入的人际交流和人机协作的心理学研究，利用网络普及心理健康知识；

第五，加强网络教育和控制，凸显网络所特有的合作和奉献精神；

第六，利用网络特有的"虚拟群体"环境，帮助网络参与者体验社会多重角色，建立新型的社会关系。

（2）网络交往安全。

必须增强中小学生网上交友的自我保护意识，遵守《全国青少年网络文明公约》。网络交往需注意敢以下事项：

第一，在网上，不要给出能确定身份的信息，包括：家庭地址、学校名称、家庭电话号码、密码、父母身份、家庭经济状况、自己身份有关的信息等。不要把自己的地址、姓名、家庭住址、学校名称或电话号码等发布到网络上。

第二，不要自己单独与网上认识的朋友会面。如果认为非常有必要会面，须征得家长或监护人的同意，并且要父母或好朋友（年龄较大的朋友）陪同。地点要选在公共场所。当单独在家时，不要允许网上认识的朋友来家里。

第三，如果遇到带有脏话、攻击性语言，淫秽、威胁、暴力、暗示、挑衅、威胁信息等，应立即告诉自己的父母或监护人。

第四，未经过父母或监护人的同意，不要向别人提供自己的照片。

第五，网上认识的朋友很有可能用的是假姓名、假年龄、假性别，不要轻易上当。

第六，不要轻易相信网上看到的信息。

第七，存有不良信息的网站，都不应该浏览；不健康的聊天室，应该马上离开；如果不小心点击了页面，应该马上关闭。

第八，经常与父母沟通，让父母了解自己在网上的言语和行为。

第九，控制自己使用网络的时间。在不影响自己正常生活、学习的情况下使用网络。

第十，切不可将网络（或电子游戏）当作一种精神寄托。尤其是在现实生活中受挫的青少年，不能只依靠网络来缓解压力或焦虑。应该在成年人或朋友的帮助下，勇敢地面对现实生活。

网络犯罪的应对

（1）学生犯罪预防网络构筑。

预防是减少犯罪的最有利的办法之一，是学校的任务、家庭的任务，也是司法机关和社会各方面的共同任务。因此，可以采用"三位一体"的社会教育对策。所谓"三位一体"的社会教育对策，是指构筑以学校教育为中心，学校、家长和社会相结合的预防青少年网络犯罪的立体化防范体系。

①从源头上构建健康绿色的互联网。

给青少年提供喜闻乐见、健康向上的网站。把握正确的政治方向，开辟和建设青少年网站，可以通过学习、就业、交友、心理咨询、法律援助等青少年感兴趣的、能切实为青少年服务的形式，开辟更多的青少年喜闻乐见的网站，服务青少年、凝聚青少年。创建青少年网站，使青少年提高明辨是非的能力，增强他们的政治敏锐性和鉴别力，占领网上思想教育的阵地。

切实加强对网吧的管理，加大整治力度。认真落实未成年人不得进入营业性网吧的规定，为青少年的健康成长营造绿色网络环境。要对"黑网吧"进行全面整顿，取缔侵害青少年身心健康的非法网吧，设立监督电话，聘请社会监督员，对群众举报问题严重的网吧，严加治理。加大对网吧经营者的培训和宣传力度，通过举办培训班、发放宣传资料等方式，大力宣传相关的法律法规，使经营者在网吧经营中学会知法、守法和用法。

②加快青少年的社会化进程，提高青少年适应现代社会的能力。

针对部分青少年逃避现实的倾向，要教育青少年分清虚拟社会和现实社会的不同，向他们分析社会的复杂性和存在的某些不足，鼓励他们勇敢地直面现实生活中存在的问题，积极投入改造社会的实践中。开展各种丰富多彩的活动，加强青少年之间、青少年和社会之间的交往，建立健康的人际关系。有条件的应该建立青少年的心理咨询机构，对有心理障碍和人际交往障碍的青少年进行心理辅导，克服障碍。加强青少年组织建设，消解虚拟组织对现实组织的冲击。网络组织基本游离于有效管理之外，网络组织既有健康的、利于青少年发展的，也有不健康的、带有反动色彩的不利于青少年成长的。我们要主动地去了解各类网络组织，与其加强联系，并以有效的方式介入各类网络组织的运作、管理，也可以通过网络形成利于青少年成长的健康组织。

③加强网络道德建设，开展青少年网络道德教育。

鉴于网上青少年道德弱化的现象比较突出，必须加强网上的道德建设，这是一个崭新的和极其重要的课题。首先，网络是一个新生事物，网络社会的伦理规则处于建设过程中。我们应该建议有关部门共同研究和探讨网络伦理规范，明确各种网络主体之间的权利、义务、责任及网络道德的基本原则，形成网络从业人员的职业道德，构建和规范网络伦理，为网络社会创造一个良好的道德环境。其次，必须加强对青少年的"网德"教育，要让青少年懂得虚拟社会和现实社会一样，需要有一整套道德规范，网络才能够正常运转，不能因为网络的隐蔽性而忽视了基本的行为规则，上网时要文明、自尊自重、严格遵守网络秩序，形成健康、文明、有序的网络环境。最后，要增强青少年的道德判断能力，指导青少年学会选择和识别，鼓励青少年进行网络道德创新，提高个人修养，养成道德自律。此外，各种网络技术传授部门，各级青少年宫开办的计算机培训班，在进行网络技术训练的同时，也要加强网络道德训练，增强青少年网络道德观念，规范青少年网络道德行为；新闻媒体要做好相关法律法规的宣传，加强对网络道德的宣传，把网络道德纳入社会道德体系。

④加强学校和家庭对青少年的引导作用。

学校和家庭应为引导青少年健康文明利用网络做出努力。应注意引导青少年充分认识网上不良信息的危害性，注重引导青少年养成良好的上网习惯。一方面，针对青少年上网浏览不健康内容，学校和家长应结合案例向青少年讲述浏览不良信息的危害；另一方面，对青少年多进行理想教育，使其有远大抱负。在学校中，教师应为学生树立榜样，激发他们不断进取的精神，教给学生必要的上网常识，指导和教育学生正确上网、安全上网、科学上网，使学生意识到浏览不健康内容的危害，使其借助网上优势，提高学习效率，培养自学能力。

在家庭中，父母要引导孩子树立正确的择友观，引导孩子参加社会活动。对于孩子上网吧，家长应把握其上网时间，坚决杜绝其通宵上网。另外，家长要重视孩子青春期的科学教育，支持和鼓励孩子读一些有益的书籍或观看一些有利于孩子成长的节目，不仅给予他们物质生活保障，而且给予精神生活的享受。

⑤加大网络立法力度，预防中小学生网络犯罪。

法律规制是网络文明的硬性保障。在网络这个虚拟社会中同样离不开法律的外在规制，否则这个"虚拟社会"就可能出现秩序紊乱的现象。实践证明，网络立法势在必行，健全互联网管理的各种法规，培养中小学生的网上法律意识，建立和完善与网络社会相应的法规条文，是建构网络文明工程的现实需要。建立和完善与网络社会相适应的法律法规，一方面规范全体网民的网上行为，另一方面对网上行为进行立法，借此保护中小学生不被有害信息侵害。通过立法，建立新型的信息自由原则，即个人的信息自由不能建立在妨害公共信息自由和国家信息安全的基础之上，有关部门应该而且必须采取有限度的措施将信息网络置于有效的控制之下。在遵守国家有关网络信息方面的法律法规的前提下，制定一些有效措施。如互联网登记制度，通过登记以保证对网络的有效控制；如电子审查制度，对来往信息尤其是越境数据进行过滤，将不宜出口的保密或宝贵的信息资源截留在国内，将不符合国情的或有害的信息阻挡在网络之外。此外，还应建立并完善联网电脑的管理制度，确保强化联网电脑的安全使用等。

⑥采用打击与防范、教育与引导的综合治理方式，有效减少和控制中小学生的涉网犯罪。

利用网络的中小学生犯罪是一个全社会的问题，立足教育和引导，重在预防。综合治理防范是预防网络条件下中小学生犯罪的根本途径。中小学生涉世不深，可塑性较强。对于受到网络不良文化影响而违法犯罪的中小学生应当重在引导与教育，尤其是针对未成年人，更需要注重教育的方法和手段。我国对中小学生犯罪的方针是教育帮助为主，司法惩处只是在必要的情况下，有限制地使用。这一原则同样适用于中小学生的涉网犯罪行为。

网瘾的戒除

（1）网瘾概述。

首先，我们来测测您的孩子是否已经上了"网瘾"

根据仓山中小学生心理咨询中心的研究成果，上网是否成瘾有个标准。

第一期："接近成瘾期"，有下列明显特征：

每天必上网打游戏；一放学就进入网吧或回家上网打半小时至1个小时游戏；回家吃完饭，先要上网打一会儿游戏再去做作业；每天不上网会有点心神不宁。

第二期："轻度成瘾期"，有下列明显特征：

非常喜欢上网打游戏或聊天；每天上网打游戏或聊天约2个小时；不上网会出现焦虑状态，即紧张、敏感、心烦意乱、坐卧不安、注意力不集中、对许多事物失去兴趣。

第三期："重度成瘾期"，具有下列明显特征：

将上网列为生活中最重要的事和最幸福的事；每天上网5小时以上；上网不知疲倦，可以不吃不睡；不上网会出现严重的焦虑状态，有的甚至会出现生理上病态反应，如颈背肌肉痛、口渴、咽干、喉部梗塞感、手足麻木、头发胀、肌肉抽动等等。

（1）学生上网成瘾的危害。

网瘾会给中小学生带来很多危害，归纳起来主要有以下几点：

①危害身体健康。

②学习成绩下降。

③浪费大量金钱和时间。

④影响人际交往能力。

⑤道德意识弱化。

（2）学生网瘾的戒除。

学生网瘾的戒除，需要学校、家庭和社会的共同关注和关怀。

①学校的要求。

学校应利用一切机会对学生进行系统的教育，使学生能够正确处理学习与上网的关系，增强网络安全意识。学校应认真贯彻《中共中央国务院　关于进一步加强和改进未成年人思想道德建设的若干意见》；认真组织学习共青团中央、教育部等部门就联合发布的《全国青少年网络文明公约》。

班主任经常家访，了解学生的上网情况。家校配合，共同监管。同学之间互相监督，互相提醒，共同抵制不良行为。

②父母的要求。

对父母来说，首先要教孩子科学合理地应用网络资源，使之成为学习的动力。孩子一旦有了网瘾，需要家长给予关怀，不能弃之不管。

不能立即禁止孩子上网，特别是已上网成瘾的孩子；否则适得其反。要了解孩子性格，对症下药。父母要减少对孩子的责备，多与孩子沟通和交流，增进与孩子之间的感情。要限制孩子上网的时间和地点。最好不要到网吧上网，每次上网时间不超过 1 小时，必须在完成学习任务之后上网。

此外，家长要学习网络知识，了解网络，正确引导孩子的上网行为，使孩子健康上网；家长要改变自己的不良习惯，与孩子一起制订合理的计划，不断规范和修正孩子的上网行为；家长要信任孩子，让孩子自己制定目标，等孩子完成或达到目标时，要给予鼓励或相应的奖励，培养新的兴趣与爱好，最终实现自我成长，从心理上彻底戒除网瘾。